人生不设限

老燕子 —— 著

内 容 提 要

本书记录了63岁健身教练的励志人生故事，讲述了作者如何从一个普通人逆袭成老年KOL的人生进阶指南。从45岁主动离开体制内稳定的工作，开启中年北漂的模式，到60岁赶上健身热潮、主动抓住自媒体时代打造IP的机遇，作者十年如一日在热爱的领域深耕，不断突破自己，努力提升自我。她用自己的人生经历告诉我们，无论你到什么年龄，只要对内不设限，你的人生就是旷野。

图书在版编目（CIP）数据

人生不设限 / 老燕子著. -- 北京：中国纺织出版社有限公司，2025.1.--ISBN 978-7-5229-2179-2

Ⅰ.B821-49

中国国家版本馆CIP数据核字第2024U0Q241号

责任编辑：刘 丹　　责任校对：王蕙莹　　责任印制：储志伟

中国纺织出版社有限公司出版发行
地址：北京市朝阳区百子湾东里A407号楼　邮政编码：100124
销售电话：010—67004422　传真：010—87155801
http://www.c-textilep.com
中国纺织出版社天猫旗舰店
官方微博 http://weibo.com/2119887771
北京华联印刷有限公司印刷　各地新华书店经销
2025年1月第1版第1次印刷
开本：880×1230　1/32　印张：7
字数：145千字　定价：58.00元

凡购本书，如有缺页、倒页、脱页，由本社图书营销中心调换

推荐序 1

我非常欣赏并尊敬的王炎平老师的新书《人生不设限》即将面世，非常荣幸受王老师邀请为她的新书写推荐序。

与王老师的相遇，是由我的"主动"促成的。2023年，我负责的一项国际女性比赛进入决赛阶段，我希望邀请一些具有当代成熟女性特质的选手参赛。以往大家认为，选美比赛女性"成熟美"的标准不仅是舞台上造型优雅、台步优美、才艺优秀，生活事业上还得是"人生赢家"，而我和团队商量想找一些"亮点"出来，邀请几位六十多岁、励志且有鲜明特点的女性，于是，每天早上在直播间带领万人健身的"老燕子"王老师进入了我们的视线。查看王老师的资料，我们不禁好奇"形体不太健美"的她是靠怎样的魔力吸引全网60万忠实健身粉丝的？且没有"人间富贵花"模样的她却是第一个自信登上选美舞台，这些都让我更加期待与她的相识。

赛前的夫人推介环节的采访，我们对王老师有了进一步的认识，采访中她谈吐利落、亲和自然、那种志在必得的力量感溢于言表。终于，在赛前的封闭训练中我们见面了，她自然亲和的状态令人非常舒服，而最让我们所有人都刮目相看的是第一天晚上的以自我介绍为主的演讲环节，王老师语速极快、逻辑清晰且言之有物，脱稿近 50 分钟，把她一路走来的故事就这么洋洋洒洒地展示在我们面前。

总决赛舞台上，我们目睹了"硬朗"的王老师优雅、柔美的一面，她的一颦一笑都是那么自信美丽，印象最深的是家庭秀环节，王老师把小外孙女当成了展示力量的移动道具，抡抱转接，绚丽的舞台成了她轻松展示基本功的场地，博得大家的阵阵喝彩，这个温馨且别致的场景太有魔力了，以至于每当我想起她，脑海都会蹦出这个画面，此时此刻我也不禁嘴角上扬。

如今和王老师相交一年有余，期间因她获得的滋养，包括每天在她励志的朋友圈中汲取力量，我心里默默感念，王老师是我二十年以后希望成为的模样。

收到王老师的书稿已经一个多月，因为各种事情耽搁迟迟没有完成推荐序，我心里很焦急，对此，王老师给予我的依然是宽厚的鼓励。今天终于拜读完她的书稿，我更加深切地了解了她的一路艰辛，如今看来是一路生花，我心里又多了几分敬佩。

整本书有十多万字，不仅凝聚了她多年健身教学的经验，还凝练了她对生活哲学的深刻思考。在人生的旅途中，每个人都是自己故事的主角，会面对无数的选择与可能，王老师屡次打破枷锁，勇敢地追寻属于自己的无限可能。她通过《人生不设限》告诉我们，真正的自由和幸福来自对自我价值的深刻认识和肯定，并鼓励我们爱自己，接纳自己的一切，不论是成就还是不足，因为每一次的经历都是塑造独特自我的重要部分。同时，她强调将个人才能贡献给他人和社会的重要性，这不仅能够带来内心的满足感，也是实现生命价值的关键所在。

  书中她分享了实用的建议和生动的案例，向我们展示了如何在日常生活中实践"人生不设限"的理念。无论是在职业发展上面临挑战，还是在个人成长的道路上遇到阻碍，王老师都提供了具体的方法和策略，帮助我们找到突破困境的勇气和力量。阅读《人生不设限》，就像与一位智者对话，每一句话都能触动心灵深处最柔软的地方。它不仅仅是一本书，更像是一盏明灯，指引我们在迷茫中找到方向，在挑战中看到希望。

  《人生不设限》是一本值得每个人细细品味的作品。它不仅教会我们如何超越自我限制，更重要的是，它启示我们去拥抱每一个当下，珍惜生命中的每一份礼物。让我们一起跟随王老师的脚步，探索生命的广阔天地，活出精彩绝伦的人生。

李沛桐

女性社群平台"华实会"创始人

2024 年 10 月

推荐序 2

这是一本值得所有女性和男性读的好书。

读完你一定也能感受到，老燕子的故事是对"人生不设限"最好的诠释。女性能从她身上感受到一股力量，从而敢于活出自己想要的人生；男性能从中看到女性成长路上所面临的不易，从而更好地理解她们。如果你是年轻人，一定会被老燕子的精神所鼓舞；如果你是中年人，一定会更有共鸣且愿意与之同行。

看一本书，首先要看作者。老燕子身上有种不服输的劲，给人一种向上的力量，完全没有大多数老太太的样子，并且一直在学习，一直在行动。每次与她聊天，都会聊到健身，都能更新我对健身的认知。估计你和我一样，后悔没有早点认识她，不然身体一定比现在好得多。如果你本来就见过或听说过老燕子，看完这本书，你会发现她远不止表面的那样；如果你第一次听说，那么恭喜你。书中除了介绍她的成长经历，还分享了很多专业的健身知识，甚至揭秘了一些行业内不为人知的事。比如说，当你走进健身房，教练一句不经意的问话，背后都隐藏着行业的小秘密。

这本书超出我对老燕子在写作上的认知。七年前刚加入我们"007不写就出局"写作成长社群时，她的第一篇文章折腾了好久，算上标点符号才87个字。一个写作小白，从磕磕绊绊到写出一本自己的书，这七年她在写作上下的功夫可想而知。写这本书时，是在她新事业刚起步、新团队刚组建时，并且还要天天接送孙子，时间和精力已被大量占用。在这样的情况下，她还是决定在2025年3月去南极前，把书写出来并出版。她利用各种方式挤时间、见缝插针地写，并且还练就了随时切换状态的功夫。

在原本退休的年纪，她做了一个让无数人震惊的决定——去南极。这本书就是她对自己去南极的献礼。你可能觉得她是传说中那种有钱有闲身体好的退休老人，去南极很容易。实际情况是，她的退休金一个月2000多元，而船票及来回费用得20万元左右，这项费用如果按照她的退休金来算，不吃不喝她得积攒八年多。但就是因为有了去南极的梦想，激发她自己每天早上6点在直播间带着一群人练肌肉，并开启线上卖课教学模式。结果在报名去南极一个月后，她就赚回了18.88万元的船票费用。光这件事就令人感到很震撼！

老燕子作为一个留守儿童，从小学习成绩也不怎么好，但她并没有因此而自卑，成为问题儿童。虽然成年后，她和很多人一样，一开始也不知道如何经营婚姻，用她自己的话说，前半生输了一个底朝天，但却在 45 岁决定带着孩子北漂，开启人生逆袭的新征程。关于她的人生故事，书中远比我讲述的精彩，建议你一口气读完书，先对老燕子有一个全面的了解，然后把书放在显眼的位置，有时间再只字不差进行阅读。特别是后面的健身内容，绝对专业且会让你终身受益，值得你经常看一看。

愿我们都能像老燕子一样：人生不设限。

覃杰

007 行动创始人、007 不写就出局发起人

2024 年 10 月 22 日

自 序

女人更懂女人，写这本书的目的，我希望能为更多女性的成长助力。

在写这本书之前，就有很多粉丝朋友问我：

您之前是运动员出身吗？

您是怎么走上健身教练之路的？

您是如何从线下教学转型到线上的？

您的线上变现路径是如何跑通的？

重度抑郁通过锻炼能得到缓解吗？

教练，我想减肥该怎么吃呢？

教练，我睡眠不好该怎么办？

教练，我膝盖疼能练吗？

血糖高能通过锻炼有所好转吗？

……

你是不是也想问同样的问题？或许你能在这些问题中看到自己的影子。

这也是我写这本书的初衷。无论你是想学习如何利用互联网变现、想了解营销自己的方法，还是想实现塑形却不知道如何科学锻炼和饮食，想锻炼却怕自己受伤，这些问题你都能在书中找到答案。

身为女性，我们时常会感到痛苦，这多源于我们对自己的忽视和得不到及时的关爱。孩子的事最重要，家里的事放不下，父母的事必须做，工作的事不能差，唯独自己的事例外。

社会和家庭带给女人的压力，以及女性要承受的低价值偏见，时常让女性觉得没有成就感，也没有获得尊重感。

曾经的我又何尝不是如此，生理期肚子痛到脸色苍白、眼前发黑，却依然死撑着正常打卡上班。生完孩子，月子里或许还需要被人照顾，出了月子就化身超人一枚。没有任何帮手，自己依然能工作带娃两不误。经历过的女人都知道，这其中有多少常人难以忍受的艰辛。

我身体底子好，从小爱运动，这让我深感庆幸。而那些身体并不如我健硕的女性呢？她们的身体，她们的精神状况，可想而知。想到这里，我希望能带领这些身心已遭千疮百孔的女性朋友，恢复元气，找回健康。

在国企工作时，我是一名兢兢业业的奋斗者，但是我的收入并不理想，因为，我的工作是一个可替代性较强的岗位。我很努力，但依然没有逃过被边缘化的命运，每日在痛苦中挣扎。正因为如此，我有了"逆天改命"

的念头，我坚信，当有一天自己的收入完全能满足自己的需求时，心头的一切哀怨都将烟消云散。

决定写这本书，还有一个契机：我们007写作社群2025年3月要组团去南极游学，一群写书的同船战友，要借此时机，集体在南极开新书发布会，是不是把一群浪漫主义者的远方情怀展现得淋漓尽致呢？

我虽然不爱凑热闹，但也小有情怀，不想错过这个有特殊意义的新书发布机会，便决定在登上南极大陆之前，要完成一本书。这不仅能实现在南极开新书发布会的梦想，同时也算是自己对007写作社群的一个圆满交代吧。

至于这本书写什么内容，我听从了我的出书陪跑教练小仙老师的建议，以自己的成长经历为蓝本，撰写一本女性成长故事书。书中不但有一个个相互关联的真实故事，还有干货知识和觉察练习。

我希望你能从我的故事中，读懂你自己。

很感谢你翻开这本书，无论你是因何机缘看到了这本书，我想它都不是巧合。书中也一定有你想要追寻的答案，我将和你一起踏上这段寻找答案的旅途。

这本书从我的"留守童年"写起，中途我经历了考学、工作，成为斜杠青年，又一路开启大龄北漂、中年写作、老年创业模式，最后实现了人生的反转。

这本书的最大特点就是只求真实，不立人设；只求走心，不立偶像；只求启发，不求说教。我的写作教练说："写作有方，唯真实无价。"愿你在这一个个真实的故事里，能看到那个照亮别人的自己。

女人这辈子要过得幸福，要活得精彩，一不过分依赖男人，二不指望机遇会主动找上门来。我们要对自己负起责任，主动出击，迎接挑战。我们要相信："自助者，天助之；自渡者，天渡之。"

当我回首自己的一生，我来人间一趟，已是六十苍茫，十年童年无恙，十年学堂乱晃，十年改革开放，十年穷追不放，十年勇闯他乡，十年两鬓染霜，依旧胸怀梦想。

很多人认识我，是因为我是健身博主老燕子，每天早上6点在直播间带着大家居家练肌肉，抛头露脸的，成了中老年健身群体的守护者。有粉丝说："教练就像一束光，我们都是追光的人。教练的身材，是我们锻炼的终极目标。教练的生命状态，是我们追随的精神动力。教练事业有成，生活幸福，是妥妥的人生赢家。"

这无疑是大家对我的极大信任。但是，我想对大家说，我们每个人都应该把自己活成一道光，照亮自己的人生之路。而人生赢家，我的理解是，只有对内赢了自己，才是真正意义上的人生赢家。对内不设限，你的人生就是旷野。向内勇攀登，你的人生才能无限辽阔。

亲爱的读者，感谢你在百忙之中翻开这本书，我是你的朋友老燕子，我们书中见，也愿你与我携手，一起踏上不设限的人生旷野。

老燕子

2024 年 8 月

目录

01

第一部分
成长蓄力

第一章　学会担当：汲取家庭的养分

第一节　留守儿童，童年不缺爱 / 2
第二节　不缺父爱的女孩，一生自信 / 6
第三节　践行长期主义，与众不同 / 10
第四节　体育精神鼓舞我向前冲 / 13
第五节　为爱让出名额，家和万事兴 / 17

第二章　时代浪潮：改革开放的冲击

第一节　与小孩做同学，"认怂"不丢人 / 21
第二节　有一种婚姻，能让女人变得强大 / 26
第三节　做不可替代的少数人，才能永不下岗 / 31
第四节　"锐意改革"的思考，烤串老太的启发 / 34
第五节　河南考生的艰辛，引发出走念头 / 38

第三章　斜杠人生：机会在8小时以外

　　第一节　与男人比肩，做斜杠青年 / 40
　　第二节　"马华"带给健身界的思考 / 45
　　第三节　从领操员到教练员的飞跃 / 49
　　第四节　"比赛不公平？"我来当裁判 / 52
　　第五节　"非典"后全民健身热潮 / 56

第四章　永不言败：坚信自己有故事

　　第一节　妈妈是个有故事的人 / 59
　　第二节　孤独才是优秀的开始 / 63
　　第三节　第一次上报纸 / 66
　　第四节　"硬刚"男性的不服气 / 69
　　第五节　3年攒8万元，钱是自由的起点 / 72

02

第二部分
蜕变突破

第五章　大龄北漂：打工创业重新出发

　　第一节　45岁离开国企，冲破年龄歧视 / 76

第二节　做管理，让每个队友都赚到钱 / 82

第三节　有一种创业，注定会失败 / 87

第四节　重新应聘，从零做起 / 91

第五节　轻松做销冠的秘籍 / 95

第六章　终身成长：无用之用，方为大用

第一节　55 岁学写作，父亲埋下的种子 / 100

第二节　付费学习，即使被收割也值得 / 104

第三节　不被时代淘汰，永远靠近年轻人 / 109

第四节　在生和死之间，从容努力 / 114

第五节　开拍短视频，拥抱自媒体 / 119

第七章　勇闯线上：打开人生新篇章

第一节　利他利己就开始行动，过度犹豫误时机 / 124

第二节　不会表达没关系，真诚和专业为王 / 132

第三节　没有练不好的身材，"养成系"博主的诞生 / 136

第四节　直播公式不用套，彰显个性最重要 / 140

第五节　莽撞开局，出书是给南极之行的献礼 / 144

第八章　知识博主：搭建线上百万商业模式

第一节　5 种方式，从线上到线下引流变现 / 147

第二节　团队作战，深度运营私域和社群 / 152

第三节　不倒的人设，唯有真实做自己 / 156

第四节　用技能创富，打破金钱卡点 / 160

第五节　最高级的销售，不谈"买卖"二字 / 164

第九章　成人达己：成为万千学员的老教练

第一节　越是免费的课程，越要付出高价值 / 168

第二节　两大法宝，准确捕捉用户需求 / 172

第三节　线上课程，训练营高转化秘籍 / 178

第四节　"公交车理论"，珍惜每一站学员 / 182

第五节　感谢互联网：被央视及多家媒体报道 / 186

附录　超人妈妈也需要人疼爱 / 192

后　记 / 199

第一部分
成长蓄力

成长渗透时代背景，
但个体却不向命运妥协。

第一章　学会担当：汲取家庭的养分

第一节　留守儿童，童年不缺爱

留守儿童，是多少家庭无奈的选择，父母给了孩子生活，就给不了孩子陪伴，因管教不足导致留守儿童出现了情感缺失、心理脆弱等问题。留守儿童已经成为全社会关注的社会问题。

20世纪80年代我国改革开放以后，出现了一大批外出打工的人，因此也衍生出了"留守儿童"这个带有时代特色的名词和现象。其实，"留守儿童"一直都存在，我就是20世纪60年代初，父母因工作把我留在乡村老家的"留守儿童"。

现在大家普遍认为，"留守儿童"没有父母的陪伴，缺乏关爱，没有安全感。

其实不然，我每每想起自己的留守童年，脑海里总会浮现出清澈见底的泾河水，天空中排着"人"字队形南飞的大雁，阿婆亲切的呼唤声："燕子，来，给婆把针穿一穿……"内心充满了温暖。留守的童年，我从未体验过孤独无助的凄惨。

记得有一次母亲回来探亲，我正在瓜田中奔跑，被村里的一遛媳妇、娃儿喊着："燕子，你妈回来了……"

拨开一层层人群，看见母亲。阿婆过来拉着我，往母亲身边推，小声说："叫妈。"

我生硬地叫了一声："妈。"

母亲转身从包里抓出一把糖，往我手里塞。我手小，糖块掉在地上也顾不得看。我眼睛直勾勾地盯着母亲，毫不理会地上的糖块被旁边的娃儿拾了去。

人群中有人喊："燕子，跟你妈回不？"

"不。"我回答得干脆利落，转身跑出人群。

因为，谁的怀抱都不如阿婆的怀抱温暖。冬天天黑得早，阿婆便早早拉我上炕，在炕角摸索出一角锅盔馍，塞进我手里。屋里不点油灯，借着窗外的月光，我依偎在她怀里，身上被裹得严严实实，等不到那一角馍吃完，就进入了梦乡。夏天，我躺在阿婆身边，头枕着阿婆的胳膊，嘴里不是吸溜着洋柿子（番茄），就是嚼着一块麦芽糖，反正总有好吃的。阿婆缓缓地摇着团扇，安详满足，直到我沉沉睡去。

在20世纪60年代初，那个家家都吃不饱饭的农村，阿婆是从哪儿弄来的锅盔馍？又是怎么弄来那些好吃的？别人家的孩子面黄肌瘦，我却小脸红扑扑的，长了个好身体。村里人谁见了我，都说："这娃长得真让人爱。"这份浓浓的祖母爱，让我丝毫感受不到没有母亲在身边的遗憾。

后来上学以后，再回老家看阿婆时才知道，阿婆给人家纺线织布不要钱，人家家里有什么吃的，给点就行。我总以为阿婆是在给自家纺线，原来，自家的棉花，阿婆是拿不到的。我的衣服，很多都是别人家的针头线脑对接出来的。表面平静的日子里，也同样存在着大妈和阿婆之间，千古解不开的婆媳矛盾。时过境迁，再提旧事，阿婆平和地把它当故事讲给我听。

我痴迷村西头的泾河，以及河那边的山。看不够泾河上空的大雁和夕阳下波光粼粼的水花。喜欢听山那边传来自己的回音："阿婆！阿婆！阿婆！"喜欢村里人夸我唱"小燕子，穿花衣"，喜欢跟着姐姐们蹲在河边洗衣服，拿着棒槌打水花，用石头砸皂角。

有一次跟着几个姐姐在地里割草，我正割得起劲，突然听到有人喊我："燕子，你弄啥呢？"

我抬起头回答："额给羊割草呢。"四处张望，发现姐姐们不知都跑哪儿去了。

那人摸着自己的头说："哦，好，额娃割得好。篮篮割满了莫（没）？"

我答道："割满咧。"

那人又说道:"这草莫给羊吃哦,叫你阿婆拿灶房去。"

原来,我割的是生产队的苜蓿菜,难怪姐姐们跑得无影无踪。回到家,被阿婆好一通骂:"得亏你是你爸的娃,要是人家的娃,早就被拉去游街了。"

因为父亲是抗美援朝战场上所有老乡中唯一活下来的人,都说他命里有神明,我也因此得到了全村人的护佑。

这份来自家乡淳朴的爱,让我这个"留守儿童"非但没有成为问题儿童,反倒是比别的孩子更多了一份来自乡间的温暖。

觉察练习

你曾经是留守儿童吗?或者你们家有留守儿童吗?

生活艰苦的留守儿童以及家长,请不要因眼前的困难退缩,艰苦中长大的孩子更懂得奋斗,这是很多生活条件好的家庭,所不具备的"逆境教育"。对孩子来说,苦点真不算什么,家长一定不要有亏欠心理,你的坦然面对,反而会让孩子学会客观看世界。当你做到几乎每天一个电话,把爱大声地说出来,孩子的成长会不一样。

第二节　不缺父爱的女孩，一生自信

父亲，是我生命中的英雄。他的爱，让我感受到的不仅是安全，还有无尽的温暖。父爱如山，给我力量，给我勇敢。

我这一生，最不缺的就是父爱。进城后他给我的教育和陪伴，从未缺席。父亲生性耿直且积极乐观，喜欢运动，喜欢给我讲他在战场上的故事。

只要天气晴朗，父亲就会早早叫我起床，带我到操场上，教我打乒乓球、羽毛球，那可能就是我运动生涯的早期启蒙。

20世纪六七十年代，豆腐、肉都是凭票供给，一张票半斤豆腐。五口人，一个月只能吃两斤半豆腐。肉就更不用说了，那两斤半肉，恨不得全买成肥肉，家家缺油水。粮食是凭粮本定量供给，干部一个月14.5公斤，学生一个月13公斤。我们姐弟三人正是长身体的年龄，家里粮食根本不够吃。周日，父亲会带我到北大河挖野菜，钓鱼摸虾，来补充我们的营养。为了能吃饱，家里的细粮基本上都换成粗粮，常年吃豆面面条、红薯面窝窝、玉米面面饼。就是这种生活状况，父亲也总是对我说:"现在的娃多好,没一个饿肚子的。"

我理解父亲的感慨。因为,父亲是阿婆用两个女儿换了两担麦子,才让他活下来的。新中国成立后,父亲不遗余力地补偿这两位找回来的姐姐。父亲很知足,总是说:"我提着头没白干,不管咋说,我娃没饿着、没冻着。"

晚上,只要父亲不出去开会,就会躺在床上,给我们讲他打仗的故事。讲到害怕的地方,我会把头埋在父亲的怀里,缩着脖子,不敢听却还想听。这时候,父亲就会抱紧我说:"爸这不是好好的吗。"

讲到开心的地方,我会在床上欢呼雀跃,嘎嘎大笑。父亲也跟着我一起笑,说:"看你把我的床给蹦塌了。"

讲到动情的地方,我的嘴撇成了瓢,泪雨涟涟,这时候,父亲也总是笑着抚摸着我的头给我擦眼泪。

我至今都记得,父亲讲他的腿受伤后,被卫生员背进防空洞里,这时候的洞里满是伤员,有的已经牺牲。因为洞里的血腥气浓重,父亲拖着伤腿,想爬到洞口透一口气,没想到,遇到美国飞机轰炸,一个炮弹正好落在洞口爆炸,巨大的热浪掀起石土堵住了洞口,父亲用手扒开石土刚爬出去,身后又被炮弹连炸,整个防空洞瞬间垮塌,父亲也被埋在石土中昏迷过去。等苏醒过来,他已经躺在了当地一个朝鲜居民的家里。

等父亲伤好归队的时候,没有一个人敢认他。因为那次战役，父亲所在的连队官兵全部牺牲，父亲的名字已经刻在了中国人民志愿军烈士碑上。

父亲讲完，这个时候，我就会扒开父亲的裤管和衣服，看他腿上、胳膊上、胸口上、头上的疤痕。父亲指着伤疤说："这腿上，还有这胸口上的，弹片还没取出来呢。"

我每次都会问："现在还疼不疼？"

父亲回答："不下雨就不疼。"每到这个时候，父亲都会揽我入怀，我摸着他扎手的胡子，脸贴在他胸口，不说话。

父亲的爱还体现在他对我的维护上。有一次，父亲的老战友，也是我的班主任黄老师说："老王，你回去要督促孩子学习呀，她考试成绩不能一直垫底呀。"

父亲尴尬地笑着说："我娃聪明着哩，就是还莫（没）开窍，这娃开窍了可不得了，以后能做大事情。"

黄老师笑了："你说这，我相信。她只要有你当年认字那劲头，就能做大事情。"

回到家里，父亲就着手解决我的认字问题。他说："认字很简单，上学路上是不是有个'小卖铺'？你上学路过读一遍，放学回来再读一遍，用不了三天，这三个字你就记住了。试试，啥时会写了，爸啥时给你买颗糖。"就这样，不到一学期，上学路上的所有标语、门店招牌，都被我牢牢记住了。从此，我也养成了见字就念的强迫性习惯。

在学校，一般学习不好的同学，多少都会受冷落。可我却相反，学习成绩虽然倒数，但玩儿起来却是王炸，想带谁玩儿就带谁玩儿，不看任何人的脸色。反倒是学习好的同学，追着跟我玩儿。其实，正是这些学习好的同学，给了我很大的影响，让我后来，在恢复高考后能很快走上正轨，她们起到了潜移默化的作用。用我同学的一句话概括就是："别看她长得其貌不扬，学习成绩倒数，她却有胆子，鼻孔冲天，自信满满。"我想，这都得益于我有重如泰山的父爱。

觉察练习

父爱如山一般厚重，有的父亲可能能言善辩，有的父亲可能不善言辞，但这都挡不住父爱的存在。你能想起来与父亲的哪些美好片段？

我们邀请你试着把它们记录下来，在父亲的生日或者父亲节时给父亲写一篇文章，去理解自己的父亲，去爱自己的父亲。

第三节　践行长期主义，与众不同

每天，在明媚温暖的朝阳下运动，是一件很美好的事情。因为初升的太阳会为我们融入新的希望和力量。

上小学三四年级的时候，我发现高年级有几个女生特别养眼。不管是在大院里遇见，还是在学校，只要看见她们，我就会被她们的一举一动，一言一行所吸引。她们不光说话做事大方得体，精神面貌也与众不同，包括她们的身材，个个都是顺溜标致，活力健美。我越看越喜欢，越看越羡慕。心想，我怎么才能成为她们那样呢？

后来一个偶然的机会，我发现她们都是学校篮球队的球员。我长期的疑惑，好像一下子就找到了答案，真是欣喜若狂，激动万分。当下就跟父亲表示："我要打篮球。"

父亲非常支持我：好，爸带你。就这样，我每天早上5点准时起床，在操场上跟父亲学运球、传球、带球、上篮。只要每天早起一次，我就觉得自己离她们又近了一步。

终于，在我跨入中学的第一学期，就成功圆梦了，进入了学校篮球队。为了保证每天早上6点的篮球训练，晚上，小伙伴们还在大院里玩儿捉迷藏，我则早早睡下。早上我5点起床，不用催不用喊，自觉自愿，甚是上心。这一坚持，就是整个中学时代，这种长期主义的训练，无疑给我未来的发展，打下了坚实的基础。

想想那个时候的冬天，早上漆黑寒冷，为了篮球训练，父亲告诉我："走夜路要走在更黑暗的地方，比如墙根，比如树荫下。这样，你不仅能看清有光亮的地方，还能看清黑暗的地方，更安全。如果人走在有路灯的亮处，暗处的动静你是看不见的，更危险。如果遇到坏人，能跑掉更好，跑不掉，就用爸教你的致命三招，只管打，出了事，爸给你担着。"其实，每次冬天出门，父亲都会暗中护送我一程。

整个中学时代，文化课没学多少，但晨练却让我学会吃苦耐劳、勇敢坚强，长期主义的品质，已经融入了我的血液中。

人生是需要榜样的，一旦有了目标，就有了动力。当年只能远远看着的学姐，一生跟我没有过任何交集的学姐，无疑是我生命的贵人，是我努力想成为的样子。

没想到，在我六十多岁的时候，竟真的活成了自己想成为的样子。

让我受益一生的晨练，让我联想到如何定义"长期主义"。

长期主义并非一天不落，而是"因时制宜"和"灵活处理"。

因为人生是分阶段的。对于多数人而言，高考前一年，晨练被备考替代。孩子上学前，晨练被陪伴替代。父母病重期间，晨练被看护替代。

晨练，需要坚持，需要落地的行动和持续的行动。但长期主义却是一生的话题。

当你被某些事情牵绊，不能继续的时候，不必纠结，果断放下，做好眼前事。当这些牵绊不再是困扰的时候，果断恢复常态，继续前行，做任何事，皆如此。

觉察练习

生活中不难发现，有运动习惯的人，一般都具备长期主义精神。

当你发现自己做一件事，总是难以长期坚持的时候，推荐解决的方法是，立刻去运动。我们邀请你试着去选择一个适合自己的运动项目，坚持三个月、半年、一年，你一定会惊喜自己身体和精神面貌的变化。

第四节　体育精神鼓舞我向前冲

在世界的每一个角落，体育都承载着人类对力量、速度、团队精神的向往。体育精神，是一种勇往直前、永不放弃的信念，是一种超越自我、追求卓越的团队力量。

遗传了父亲的运动天赋，我很快成了学校的体育积极分子。我不仅加入了校篮球队和校田径队，还打篮球、投掷铅球和标枪，也经常代表学校去市里参加比赛。但是，最让我上心的，还是学校里班级之间的比赛，包括每次小小的体育考试。

记得有一年，我们初中部进行篮球比赛。一轮一轮淘汰下来，最后是我们初一（1）班和初三（1）班争夺冠军。没有人看好我们。因为，从身高、年龄、成熟度、打球技巧等方面来说，对手都远远超过了我们。就连我们的班主任都提前放话给我们："咱班就是赢不了，也不丢人。"

不知为什么，我心里就是憋着一股劲，我把5个主力队员召集出来，制订了我们所谓的"战斗计划"。针对对方球员的情况，调整了我们的布局。我原来打右前锋，换到后卫，因为我的远投是强项，让中锋打我的右前锋的位置，另一个后卫打中锋，其他两人的位置不变。

果然，这招灵验。一上场，我们就占据主动，趁着对方搞不清状况时，连续得分。但是，这并没有引起对方的重视，她们甚至在场下高喊："小屁孩，让恁几个球。"

直到上半场结束，我们以大比分占据优势时，她们才慌了神。原来，她们轻敌了，让替补队员上场练手。下半场，她们的5个主力全部上场，要扳回面子。不承想，我们又调整战略，从打联防换成了人盯人战术。

我们年龄小，速度快，让对方极不适应。我们换到中位的小个子刘同学，死死地缠住对方的大个子中位，让她无法发挥优势。她急得团团转，竟然抱起我们的小个子，扔到场外，当即被裁判罚下场。

对方无奈叫停，调整战术。此时的我们，必胜的决心爆棚，就连班主任也坐不住了上来为我们鼓劲："咱要不要再调整一下？"

我说："不用，我还没发力呢。"然后告诉其他几个同学："你们不管谁得球，马上传给我，别管距离多远。"

场上的最后几分钟，我连续3个远投全中，也就是现在说的3分球。其中最后一个球，是站在中场线上投进的，球进哨响，终场结束。场上场下，欢腾一片。就连我们班的男同学，也在疯狂地呐喊。要知道，我们那个年代，男女同学之间，还处于封建思想残留下不说话的状态。

这场比赛，让我们初一（1）班一举成名。不仅给我们女生长脸，也鼓舞了我们班的男生，他们用眼睛偷瞄着我们表示："等下次比赛，不拿冠军，誓不为人。"

再看看我们可爱的班主任，和我们一样，走路挺直了腰杆，派头十足。

这次比赛也让我懂得，所谓的优势劣势只是表象，关键在于你怎么利用自己的优势，不能轻易认输。因为，不去尝试怎么就知道自己一定不行呢？

还记得一次期末体育测试，老师告诉我们要提前准备好，女生考核标准是连续20个俯卧撑才算优秀。课间，我趴在地上试着练一下，被班里的几个女生嘲笑："一个女的，撅个屁股趴地上，不觉丢人。"

我反唇相讥："啥叫丢人，考不及格才叫丢人。"

坚持了几天后，能勉勉强强地做到20个了。站在旁边的班长说："我也试试。"

不到两周，班里绝大部分女生，都加入课间训练当中。我朝着那几个笑话我的女同学喊话："你们还不练吗？真要不及格吗？"

她们推推搡搡，扭扭捏捏地也跟着练了起来。考试那天，我们班全体女生，100%优秀，一个不落。体育老师脸上一副不可思议的表情，说："你们太强了，其他班能有一两个优秀的就不错了。"再看大家洋溢的笑容，我心里别提有多自豪了。虽然中学阶段我的学习成绩依然很差，但我却成为班级中队长，在班里威信极高。

觉察练习

作为女生，你的成长经历里，曾经被哪些"性别偏见"所束缚过？

每个女孩子在成长的过程中，或多或少都会被社会偏见所干扰。女孩做这个不雅，做那个不对，仿佛只有文文静静做个听话的乖乖女，才符合大家的期待。在绝对的实力面前，任何的偏见都是"阴沟里的老鼠——见不得人"。

第五节　为爱让出名额，家和万事兴

"老大"这个称呼，责任与担当并存，义务与感恩并进。

到了上学的年纪，我被父亲接回了城里，离开了慈爱的阿婆，在城里的家，还没来得及适应，就匆匆进入到老大的角色。

洗衣做饭，照顾弟弟。这些都还好，毕竟，身边几乎每个家庭的长姐都要做这些。但是，最让人难忘的还是家里遇到急事的时候。

父亲是抗美援朝的老兵，几次战役下来，他得了严重的肺结核，转业到地方时，身上不仅戴着军功章，还带着弹片，他经常半夜发病。这个时候，母亲守着父亲手忙脚乱，我就毫不犹豫地冲出家门，去医务室找医生。有时候需要转诊去大医院，我就拿着医生开出的转诊单，满大院地找司机。我们是军工大厂，好几个家属院，且每个家属院都很大。

那个年代没有私家汽车，普通人家也没有私家电话，厂里只有几辆拉货的大卡车和两辆公用小轿车。所以，叫车是一件非常不容易的事情。每次无论是找到医生还

是找到司机，他们都会问："这大半夜的，怎么让你一个小女孩到处跑。"

那时候我大概是小学三四年级，八九岁的样子，心里除了着急，一点不知道害怕。也只有当大人问到的时候，才会觉得一阵阵后怕。

如果那个时候，需要冲出去的不是我，长大后的我可能就是另外一种性格，拥有另外一种人生。

我和大弟是同一年进厂工作的。我是工厂招的临时工，大弟是接班进厂的正式工。很多人诧异我家的安排，怎么老大是女孩不接班，让老二男孩子接班了？老大没闹脾气？你们家是怎么做孩子思想工作的？

因为，当工厂的那批"接班政策"一出台，我家楼前楼后，楼上楼下，每天都能听到摔锅砸盆，哭爹喊娘的吵骂声。仔细听，无一不是兄弟姊妹几个在争抢一个正式工名额。父母听得见，我和大弟也听得见。我们家表面上看风平浪静，但父母私底下已商讨过很多次，仍不能定夺。

我很理解父母的心境，他们面儿上男女平等，平日里也把我当男孩子养，但他们骨子里还是有重男轻女思想的。他们毕竟都是从旧社会走过来的人，内心有撕裂和矛盾。他们当然希望我大弟接这个班，只是苦于无法启齿。

当然，我对这个正式工指标，还是怀有很大期待的，谁不想稳定，谁不想被高看一等。但我不愿看父母作难，不愿我那老实巴交的大弟一生无靠。让他接班，不但能了却父母的心愿，也了却了我这个当姐姐的心愿。当我想清楚这些，第二天一大早，我推开父母的房门宣布："让弟弟接班吧。别让这个名额浪费了。我想考大学，考不上大学考技校，反正我自己找工作。"

回到自己的房间，我被自己刚才说出的话吓到了，一个连正负数都搞不懂的人，竟敢张嘴说考大学。既然话说出去了，走一步算一步吧。就这样，我们家平静地办妥了这件事。

记得一年后，工厂从电子工业部争取到了20个正式工名额，要从我们千余名临时工中，通过考试录取。我对此胸有成竹，势在必得。因为我为自己说出"考大学"那句话，已经准备了一年多的文化课补习。理论考完了考实践，还有车间的表现分。出榜那天，厂门口人声鼎沸。我没有去看榜，一个人坐在工位上平静地等待下班。回家路过厂门口时，也没有扭头看榜单一眼，心里自信且笃定。到家后，看到大弟和父母都激动得手舞足蹈。特别是大弟，语无伦次地说："姐，你看到你的名字了吗？我看了好多遍都没看到，还是旁边人拿着我的手指头，摁在你的名字上，才看见的。"

我笑着说："放心吧，我心里有底，不会录取不上的。"

父亲接着说："额女子，是干大事情的。"

我知道，父母和大弟心里那块愧疚的石头，终于落地了。

其实，对于我来说，父母给的终究没有靠自己努力得来的更让人感到踏实。而我也清楚，父母永远不可能做到绝对的一碗水端平。与其去抱怨、内耗，不如自己去争取。毕竟，外面的天地才广阔！

觉察练习

你们家是否面临过类似的几个子女争取同一个"宝贵名额"的情况？抑或是几个子女同争一套房产？

在子女面前，父母很难做到一碗水端平，手心手背都是肉，让他们定夺，真的是难为他们了。作为子女，是不是应该体谅父母的难处、体谅同胞姊妹的难处，主动做出让步呢。我知道，能做到这一点，需要有宽广的心胸。

第二章　时代浪潮：改革开放的冲击

第一节　与小孩做同学，"认怂"不丢人

有句话说："时代落在普通人身上的一粒尘埃，就是一座大山。"对于出生于 20 世纪 60 年代初的我们，经历了时代的洗礼，突然间迎来改革初期的高考，不同的人选择不同的人生出路。

17 岁，我在市中学，赶上 1977 年全国恢复高考，而当时的我们对高考没有任何概念。我们习惯了每个学期的学农、学工、学军，习惯了上课没有课本，习惯了坐在窗户上没有一块儿完整玻璃的教室里。

当时很多行业停工停产，造成改革初期物资极度匮乏。我们要高考了，却没有课本可用。老师拿着他们当年的课本给我们讲。几经周折，学校联系印刷厂用草纸给我们印制了一套复习资料，这套书粗糙到抽掉一根稻草就能少看两个字的地步，9.9 元一套，但也仅够一半同

学拥有。很快，我们就被赶进了考场，结果是大眼瞪小眼地在试卷上瞎猜乱蒙。

我转学到厂子弟中学，因为这里有一个"回炉班"。我以为是学基础知识，没想到"回炉班"还是以考大学为目标，复习进度很快，我依然是跟不上，学习成绩一塌糊涂。

我们这些连正负数都搞不懂的差生，基本处于被老师放弃的状态。我们羡慕学习好的同学，但自己却茫茫然找不到学习方法。虽然听不懂，但也在努力地听"天书"。可想而知，内心有多么迷茫和无助。

改革开放初期，工厂大批招工。我们这届刚毕业的高中生和下乡返城的学生，就成了工人阶级的一分子。

很快，我们被流水线上枯燥重复的劳作弄得焦躁不安。记得有一天下班，我们几个要好的女同学，破天荒地人手一瓶啤酒，边喝边愤怒地大声发泄着自己的情绪，大家都有一股莫名其妙的无名火，根本不顾大马路上行人的侧目和指指点点。平日里文静的几个校花，此时却一个个像发了疯，手舞足蹈，东倒西歪。其实，我们就是在宣泄工作以来的压抑情绪。

想要逃离吗？唯一的出路，还是考大学。跟我关系不错的几位同学，她们的学习基础其实都很不错。眼看着她们各个进入备考状态，我再次陷入了内耗的漩涡。

我每天在流水线上，摆弄着手里的电阻、电容、二极管这些零部件。突然联想到，把零件组装起来，就是电视机。如果把书本上的符号、字、词组合起来，不就是文章、数学题吗。灵光一闪，为什么不从自己能学会的符号，比如加减乘除、拼音生字开始呢？

放慢考学的脚步，按照自己的节奏来，是当时无奈又明智的选择。正所谓"山重水复疑无路，柳暗花明又一村"。突然的开窍，让我一下子找到了适合自己的学习方法。不和别人比，自己从小学课本学起。

心中有了方向，就连在流水线上工作也不觉得无趣了。利用每次断线的机会，偷偷拿出课本看一会儿，做几道题。下了班，有人逛公园、压马路，有人一头扎进高考补习班。我则跟着幼儿园的小朋友，一起学拼音。

至今，那场面还记忆犹新。

班长稚嫩的声音："起立！"

老师柔和地回应："小朋友们好。"

接着就是回荡在教室响亮的童声："老！师！好！"

每天晚上，父亲都要几次催我睡觉。嘴里嘀咕："不学的时候，锁在房里也不学。这知道学了，十头牛都拉不住。"

就这样，我利用一切业余时间补习文化课。两年后，全国第一届电视大学开始招生考试，这是当年国家承认的大专文凭，享有国家干部指标，而且是带着工资上学，这非常适合我这种不想给家里添负担的人。

记得那天上午9点左右,我们车间主任站在车间大门口的中央,挥动着手中的录取通知书,喊着我的名字。他的整个身体被朝阳淹没,只能看见小小的身体轮廓和长长的身影。流水线的工友们调侃说:"你是鲤鱼跃龙门,工转干了。"

每个人都有属于自己的那条路,不管是学习效率差,还是学习方法不好,只要你有"势必达成"的愿力,多付出一些时间去学习,多去尝试不同的学习方法,你一定有只属于自己的方法和节奏,你一定会收获满满。

认准目标,就得豁得出去,这是我没有被淘汰,迎头赶上的法宝。虽然起点低,但依然坚持到了最亮的地方,活成了被人看见的模样。

我们多数人,生来平凡,拿着小人物的剧本出场,但即便是低到尘埃里,也不能接受未奋斗过的自己。

觉察练习

你人生有没有因为脸皮太薄而错失机会的经历?如果有,结合本节内容,假如再给你一次机会重来,你会做哪些改变?欢迎写下来或与人分享,通过复盘来找到人生的改变项。

如果你对学习没有信心,不妨看一些从底层逆袭的励志故事来激励自己。别听他人说那些是没用的鸡汤，相信我，是鸡汤就有营养。如果你不爱学习书本上的知识，那就索性学习自己喜欢的、并对他人有价值的东西，比如理发、化妆、收纳。为自己学习，永远有动力。

第二节　有一种婚姻，能让女人变得强大

婚姻是一个大熔炉，经过婚姻锻造过的女人，会脱胎换骨。更何况，我们是改革开放的一代年轻人，是在各种传统思想和改革开放新思潮的撞击中，成长起来的一代年轻人。我们家庭的迷茫和矛盾，同样带有时代的特点。

我25岁结婚，丈夫大我6岁，是全国恢复高考后的第一届大学毕业生，是我们那个时代的"天之骄子"。他从农村考出来，是现代人说的"凤凰男"。他是姊妹7人中最小的，是人们眼里的"妈宝男"。

改革开放初期的新一代年轻人，"恋爱观""婚姻观"还停留在传统的意识形态中。找一个"本分老实的人"是大家的共识，更何况，我找了一个人人羡慕的高学历老实人。至于婚姻能给自己带来什么，完全没有概念，且心中充满好奇和期待。

我对"丈夫"的认知，对婚姻的认知，完全来自父亲，来自父母的相处模式。"丈夫"就应该是，在外顶天立地，在家一言九鼎。作为媳妇，助力丈夫、教育孩子、经济独立就足够了。我相信我会比母亲做得更好，两个

人一定是情投意合、有商有量地过日子。

可是,现实中的丈夫,离我理想中的丈夫相差十万八千里。他是个有当家作主的心,却没有当家作主能力的人。刚结婚时,他不会做饭,却热衷于做饭,美其名曰:"嫁汉嫁汉,穿衣吃饭,我不会做饭,你吃什么。"他手捧着一本菜谱,钻进厨房研究加实战。这是我没有想到的。婚姻几十年,家里都是他买菜做饭,我从来插不上手。

有一次周日,他骑着自行车,车梁上坐着孩子,出去买菜。不大一会工夫,两个小媳妇慌慌张张跑过来说:"你快去看看吧,老刘把孩子给摔了。"

我赶忙收拾,还没走出大门,就看见小区路上,大人小孩一伙人,朝我家走来。有人推着车,有人扶着老刘,一个大姐抱着我女儿。我一把抱过孩子,看到孩子头上一个大包,这显然是碰的。再查看孩子身上,没看到哪儿有伤,孩子也一切正常,抱着我的脖子咿咿呀呀。再看老刘,脸色苍白,目光呆痴,像得了大病一样。我问他:"孩子摔哪儿了?"

他半天说不出一句话来。旁边的大人孩子,你一言我一语,叽叽喳喳半天我才听明白,孩子坐在自行车横梁座上,伸手去拿人家的西红柿,他忙着挑菜没看见,孩子从自行车上倒栽葱似摔了下去。然后,老刘就感觉"天塌了"。

我当时就崩溃了，心想，这也算个事？至于把自己吓成这样？

工作中的他，却是另一副模样，面对再难的技术难题，他就像一个指挥千军万马的大将军，从容不迫。有时候，几十个人围着机器看着他，地上掉根针都能听见。只见他摸摸这儿，敲敲那儿，这儿闻闻，那儿看看。然后开始下指令："去，把它拆下来，把某某零件换了。"然后潇洒离开。

他的判断基本上是100%的准确，从不给别人二次找他的机会。所以，他是单位的技术大拿，老总都谦让他三分。每次工厂年底开职工代表大会，他都是主席台上那个从不发言的技术代表。

可生活中，他一次次颠覆我对"丈夫"这个角色的认知。我给他的定义是：下得了厨房，上不了厅堂。因为，对外的一切人际关系，他都不擅长。就连他师傅请他去家里吃个饭，他都扭扭捏捏地拉着我陪着。在外，他是擅长钻研技术的高手；回家，他是擅长买菜做饭的暖男。

这种平淡的生活，终于在我开办了自己的小健身房后被打破了。

因为厂里经济效益不好，每个月只能拿到一半的工资。8小时以外，我做健美操教练的补贴，也只是杯水车薪。一个偶然的机会，朋友要随夫南下定居，我就接手了她的小小健身房。从此,我开始大踏步地向前走。

我俩都在厂里上班的时候家里的矛盾还不显眼。下班后,我出去带个操,他做饭吃饭看电视,虽然他偶尔会有抱怨,但日子过得还算平静。自从我有了自己的健身房以后,情况就发生了变化。他的心里开始失衡。他总觉得,一个家,女人在外抛头露面,让男人很没有面子。

在他生命最后的日子里,他坦言道:他希望自己是这个家庭的引领者,但是,他承认自己没有这个能力。他也很懊恼也很郁闷,却无力改变现状。于是,就故意地用各种打压、嘲讽、挖苦的方式来发泄自己的情绪。他把"故意"二字说得很重。

听着他的临终坦言,我释然了。我说:当时我就是想不通,为什么你我二人都尽心尽力地为这个家付出,这日子却怎么都过不好?为什么我做什么事情你都不满意?原来症结在这儿。这也是我为什么选择离家,却不选择离婚的原因。我一直认为,我们俩都是善良的人,分开一段时间,双方都冷静下来,会有转机。

其实,夫妻关系中,当一方快速前行,另一方不愿改变的时候,隔阂和矛盾就已经不可避免了。这也为我后来离家北漂,起到了一定的助推作用。

但是,如果你问我是否后悔走出去?我会坚定地告诉你:绝不会!人都向往美好的生活,我凭借自己本事,为自己、为孩子博得一个好前程，没有错。

如果你问我是否有遗憾，我会明确地说：有。不管是我当时想不通也好，认知不够也罢，总之，我没有时间，也没有耐心静下心来听他袒露内心。总认为他一个大男人、一个知识分子，应该是一个引领别人的人，反过来却需要别人引领，是一件很不可思议的事情。如果我当初能认识到这一点，或许我们的结局又不一样。毕竟，他也曾经意气风发过。

直到现在，我总会去光顾那些夫妻小店，不管生意大小，两个人有商有量，劲往一处使地过日子，真的是让我羡慕。因为，我没有做到。

觉察练习

幸福的家庭都是相似的，不幸的家庭，各有各的不幸。你给自己的家庭打多少分？你们夫妻之间的矛盾是怎样解决的？

夫妻间如果沟通不畅，剩下的就只有可怕的猜忌。若想婚姻长久，一定要好好沟通，请相信，万事都能在沟通中解决。和谐的夫妻关系，一定是举案齐眉。夫妻任何一方的原地踏步，都会给家庭带来灾难。夫妻关系一定是平等的。能力强的一方，要想办法拉对方一把，拉着对方跟上自己的脚步，而不是抱怨和不屑。

第三节　做不可替代的少数人，才能永不下岗

王阳明，曾遭遇过庭杖的耻辱和流放荒山野岭的孤独，他在耻辱和孤独中沉思，最终领悟开创阳明心学。世上没有真正意义上的绝境，你所处的绝境无非是一种心境。你的悲不因别人的贬低而放大，你的喜不因别人的夸奖而放大。不以物喜，不以己悲，知行合一，内心强大。

说起"逃离"工厂，为什么会用"逃离"这两个字，而不是离开，原因就是受不了它的"管理小政策"。为什么说是"管理小政策"，而不是制度，是因为那是少数人拍着脑门闭门造车的结果。

为了促进职工的工作积极性，工厂宣布改革，制定了一系列管理小政策，其中一条就是，各个单位实行末位淘汰制。

我所在的技术部门，属于工厂的高精尖人才部门，人员大多是本科以上学历，而且技术员手中，都掌握着各种新老产品的核心技术和工艺秘密，他们是动不得且不可替代的人才。其他人员，包括我这种基层管理干部，无疑都成了末位淘汰的对象。与努力工作无关，与

工作能力强弱无关，是我们的工作岗位决定了我们的命运。虽然觉得不合理，但对抗工厂的新规，我当时还没有那个胆量。虽然我早就有了离开工厂到外面闯的想法，但也不想以被淘汰的方式离开。人都是要面子有自尊的，谁不想光荣退休，谁不想风风光光地被欢送。

等末位淘汰轮到自己头上，才切身体验到了"事不关己高高挂起"的含义。事情没有落到自己头上，怀着侥幸心理不去多想，等真落到自己头上了，才真正体验到同事的眼泪有多么无奈。

这件事虽然被同事之间当笑话无奈谈论，但它却触碰到了我与单位这层关系的底线。在这里，我有了一种人生不能自己做主的无力感和受屈辱感，我开始认真思考自己的未来。

8小时以外，我做兼职健美操教练，享受着学员的尊重和爱戴，这与在单位遭遇的屈辱形成了鲜明的对比。我想，健身教练是健身房的灵魂人物，不可替代，就像单位的技术人员。我既然有能力做不可替代的那个人，为什么还要受着这份委屈呢，于是我做出决定离开，另寻出路。

当我们领导推掉当天所有预约，找我谈话挽留时，事情真的已经不可挽回了。他说："我想办法给你换个岗位，换个单位，毕竟再熬几年就可以退休了。"我理解领导的善良和好意，但我去意已决。

我说:"只要制度不变,换到哪都一样。"

他担心地问:"你出去能比在厂里挣得更多,还是待遇更好?"

我答道:"能不能比厂里更好我不知道,但出去就有机会,也可能会碰得头破血流,但那是我自己选择的结果,我认了。"

这件事,成了我北漂的主要推手。

觉察练习

面对 AI 时代的到来,被机器人替代的岗位甚至行业越来越多,你准备好了吗?思考怎样才能成为少数不可替代的人。活成唯一,与年龄无关。

中国人大多愿意做大多数人。这个想法很安逸却很危险。思考做点什么,让自己变成不可替代的少数人。人与人之间的差距,就看 8 小时之外的时间你在干什么。想提升自己,就利用工作之余多学习,而不是随大众去休息和娱乐。当你遭遇打击的时候,你要清醒认识到,自己应该立刻、马上做出改变,否则你将一蹶不振。

第四节 "锐意改革"的思考,烤串老太的启发

1980年,我18岁,乘着改革开放的东风,参加工作。军工大厂顺应潮流,让80%的人力进入到军转民的流水线上。随着电子元器件的进口,我们最先接触到邓丽君那动听迷人的歌声,以及朗朗上口、通俗易懂的台湾校园歌曲。但是我们只敢听,不敢唱,怕政治思想不端正。

打着实验产品的旗号,试听磁带,检验产品。直到中央电视台春节联欢晚会,请来了张明敏、费翔等港台歌手,我们才敢放心大胆地演唱这些歌曲。我们在兴奋中又感到迷茫。兴奋的是,自己正赶上改革开放的潮流,是所谓时代的"弄潮儿";迷茫的是,我们仅仅停留在改革开放的表面形式中,对改革开放的深层意义理解极其肤浅,不知道自己该干什么,只是盲目地跟风,喊几句口号而已。

1981年,我们厂在深圳特区,组建了自己的分厂,也就有了现代深圳人说的"深一代"。有人借此机会留在了深圳或广州发展。这一次的错过,可以推卸说是领导没给我机会。但是,第二次机会,父亲的战友到我们家来,要带上我们去深圳发展时,也被我们婉拒了。原因

就是，我们的思想还停留在做生意就是二道贩子，是下九流的认知中。父亲的战友很失望，他是怀着回报父亲在战场上的救命之恩，想拉我们家一把的。可是，我们却因为认知不够，错过了这个机会。

有一天，父亲指着墙上的宣传标语问我："你给爸说说这'锐意改革'是什么意思？"我毫不犹豫地说："锐，就是锋利，就是刀尖尖的地方。锐意，就是冲破一切阻力……"

然后我们一起陷入了沉思……

为什么我家会一次次地错过改革开放带来的红利，为什么我们会这样保守？

人都是有惰性且惧怕风险的，毕竟待在国企，捧着"铁饭碗"，即使不能大富大贵，但至少能旱涝保收。

但是，"铁饭碗"真的就"铁"吗？1995年的下岗潮，一夜之间国企"铁饭碗"就被打破了，大批工人下岗。曾经厂区旁边繁华的街道，连一片菜叶子都看不到。不是因为卫生做得好，而是菜叶子都让下岗工人捡回家吃了。

但是，也不是所有人都这么凄惨，那些有真本事的人，反而下岗后，有的去南方做生意，有的自主创业，收入翻了十几倍。

发生在我们身上的每一件小事，都有时代的烙印。学会复盘，在复盘的过程中学会思考。回望这么多年来，顺应时代发展的人，都赚得盆满钵满。所以，在每一句红透的口号中，都隐藏着巨大的机会。学会用长远的目光看问题，我们努力读书学习不是只为拿个好文凭，是为了站在更高的纬度上去理解每一件事的来龙去脉，去深入解读每一件事情背后的真相。有思考力才有前途。

那个时候，女儿上小学。我每天去学校接女儿放学时，总能看见一个瘦弱的老太太，支着一口铁锅，坐在旁边用竹签子穿豆腐皮。等孩子们放学了，一毛钱两串五香豆腐皮大受欢迎。

慢慢地我们熟络起来，我才知道她的一双儿女两个家庭，全部下岗没有收入，天天吵架闹离婚。她说她出来干点活儿，一来是挣个零花钱，顾着孙子们上学；二来也是出来躲个清静。

慢慢地我发现，老太太的小生意有点忙不过来了，经常是孩子们打打闹闹地排着队等着吃豆皮，这时候，我闲着没事干，就主动帮忙收拾地上的竹签清理场地卫生。有一天，我看到老太太旁边多了一个男人，戴着口罩，低着头，手里笨拙地穿着豆皮。我心想，终于有人帮她了，看年龄大概是她儿子吧。没过多久，又多了一个女人，又支了一口铁锅，做着同样的生意。我心想：坏了，有人跟老太太竞争来了。但是，看老太太眉开眼笑的样子，不像是不高兴的样子，我就凑上去小声问："他们是谁呀？"

老太太笑嘻嘻地说："我儿和我儿媳妇。"

我女儿小学毕业那一年，校门口已经有3家"黑老婆豆皮"的小餐馆。老太太一摊，儿子、女儿各一摊。

我心想，真好。老太太用她自己柔弱的肩膀，扛起了一大家子的生活。虽然不是大富大贵，但她把一双儿女两个家庭都带出了困境，有了收入，有了依靠，有了笑容。

我不禁想，每个人的能力有大有小，但是"父母之爱子，则为之计深远"，心都是一样的。同样作为母亲，我又能为我的孩子打下什么基础？不甘于现状的心又一次波动了。

女子本弱，为母则刚。这位母亲，不但把一双女儿养大成人，还在儿女两家最危难的关头，扛起创业大旗，解救儿女于水火之中。从那个佝偻的身影里，我看到了母亲的伟大，也懂得了怎样做才是一个合格的母亲。

觉察练习

同为母亲的我们，都在为自己的孩子付出，都想尽力地托举起自己的孩子。但是，认知不同，行为就不同。什么是托举？不是简单地帮孩子做事，那是做好后勤。真正的托举，是有所引领，家族传承。想想自己的家族传承是什么？

我们都羡慕别人有贵人相助。其实，生活中，处处有贵人，只是我们缺乏发现贵人的眼睛。学会观察那些比自己优秀的人，看看他们都做对了什么？再想想自己都错过了哪些机会？

第五节　河南考生的艰辛，引发出走念头

河南学子每年参加高考，犹如千军万马过独木桥。由此也引发出了我们新的思考、新的向往，并为此付诸行动。

2006年，全国高考总人数950万人，河南考生78万人，占比约8.2%。全国本科录取546万人，河南本科录取17.5万人，占比约3%。985院校录取率排在全国倒数第二，211院校录取率排在全国倒数第四，清北录取率排在全国倒数第五。河南考生有多不易，从这组数字中，可见一斑。

同样的分数，河南考生被当地二本院校录取，而某些省份的考生，却能进985院校。同一所学校同一个寝室的不同省份的同学，其分数竟然能相差近200分，可见河南考生的艰辛。

然而，我们就来自河南，我女儿就是那众多考生中的一员。小学门口那个烤串老太，给了我方向，也给了我力量。即便孩子长大了，只要有机会，就一定要托举孩子一程。

孩子即将高考，让我决定离开河南，在心里默默地

规划着未来的方向。

女儿高二分科，她选择了自己喜欢的文科。这给了我一个启发。文科？纵观全国，文化底蕴最深厚的当属西安，可是女儿不喜欢老家西安，说西安到处是"碳水炸弹"，不利于她减肥。再就是我们洛阳和开封等古城，但它们依然隶属于河南省。接下来自然就想到了北京。当北京这个名字跳出来的时候，我心里莫名地有点激动，我想，我们的生活习惯应该很适合北京。因为我生长的环境就充满着"京腔京味"。我们厂就是从北京迁到河南的，属于当年支援三线城市规划的一部分。想到这里，当即敲定，去北京。

当"去北京"这个方向在心里扎下根以后，我就开始默默地做着相关的心理准备和工作交接准备以及家庭的琐事处理。

当我们无力改变环境的时候，我们可以改变自己。

觉察练习

很多人身处不利于自己的环境时，只是一味地抱怨命运的不公，却没有想办法去做出改变。走出去，是最简单、最直接的改变方式，但需要勇气。改变自己，从长计议，需要自己有一颗不在乎一时得失的强大内心和势必达成的愿力。如果是你，你会如何选择？

第三章　斜杠人生：机会在8小时以外

第一节　与男人比肩，做斜杠青年

你是否面对过人生的困境？每个困境的背后，上天都会给我们一份美好祝福，但能否接住这份祝福，就看我们是否愿意"顺从天意"并勇于挑战。

31岁的时候，父亲因病去世，我的世界坍塌了。虽然父亲瘫痪在床6年，但他的离去，依然对我打击巨大。在短短的半年时间里，我的体重从60公斤降到46.5公斤，又反弹到84公斤。浑浑噩噩，内分泌完全失调，掉头发、失眠、生理期紊乱。丈夫不解："你咋变成这样？"

我强打精神告诫自己，必须动起来，否则，身体就要垮了。一次出去散步，听到劲爆的音乐声，便走了进去，原来是刚开业的健身房。于是，果断花了30元钱办了卡，这钱花得虽然有点心疼，但比进医院花钱看病强。

为了不让这钱打水漂，每天下班，叮嘱丈夫去接孩子，自己则以最快的速度做好晚饭，饭菜上桌后，背起大包直冲健身房。

坚持了一个多月，体重减下来几斤，但依然还是肥胖状态。一次偶然的机会，我走上了健身教练的道路。

事情是这样的，那天的教练没到场，老板急得直跺脚。她走到我面前说："你上，你动作很协调。"

我看着自己肥胖的身体，连连说："不行，不行。我胖成这样，哪好意思上台？"

"这才能最有动力去减肥。胖一点怕啥，让大家看着你一天天瘦下去，才有说服力。"老板的话，很有力量。

于是，顾不上其他人的眼光和议论，红着脸走上了领操台。这节课不但顺利带完，我还被正式聘请为带操教练。用现在的话说，就是斜杠青年，有主业的工作，还有副业的收入。半年后，我体重回归60公斤，精神状态也完全恢复。

还是一次偶然，我在没有任何训练痕迹的情况下，参加了省健美比赛，并获得了第三名的好成绩。为了能对得起这块靠"遗传基因"获得的奖牌，我立马投入到肌肉训练这个男性的健身世界里。

不练不知道，一练吓一跳。练了不到三个月时间，我发现自己一天带四五节课都不感觉累，而且领操台上的运动表现力惊艳了所有人，他们说："教练脚下，像踩了弹簧。"

站在领操台上,看着自己的腹肌,随着音乐凸凹舞动,我能感受到台下学员们羡慕的眼光。最重要的是,练肌肉,让我家族遗传的腰长腿短的梨形身材,得到了很大的改善。因为,臀提一分,腿长三分。骨骼结构、遗传基因不能改变,但身材比例,却能从视觉上,得到很大的改善。这一切的发生,让我彻底爱上了这项运动。

但是,那个年代,哪怕就是现在,一个女人扎在男人堆里撸铁,也是一件不可思议的事情。他们认为,女人一身肌肉就失去了女人味儿。况且,练肌肉,在男人群体里尚且是小众项目,就更不用说,女人的健美运动了。

他们更看不惯女人去参加健美比赛。有人蛊惑我的丈夫说:"你媳妇穿成那样,你就不怕别人对她有想法?"我先生的回答,让我现在想起来都心里温暖。他说:"别说我媳妇穿着三点式衣服,她就是脱光了跑到大街上,我会认为她病了,我都不会想她跟别人跑了。"这是多么大的信任。

健美比赛前,每一次都是我丈夫帮我做脱毛准备。他虽然没有去过比赛现场,但每次比赛回来,我都能得到他最忠实的祝福。记得他手捧着奖牌跟女儿说:"你妈不得了,给咱家拿回了第一块奖牌。"

在家人的支持下,我在健美的路上勇往直前,不断挑战自我,所有的节假日都被我安排上了比赛和培训。"国家一级健美裁判员""国家级健美操教练员""国家一级社会体育指导员"等资质证书，被我全部拿下。

在那些男性主导的领域，如航空航天、登山探险，依然能看到优秀的女性身影。

我国第一批女飞行员武秀梅，她活跃在空军部队长达30多年，一直到1988年以53岁"高龄"才离开飞行岗位；第一个从北坡登上珠峰的女登山家潘多，她在1975年5月27日亲手将五星红旗插在了世界之巅；第一位中国女航天员刘洋，温柔恬静的她在2012年随着"神舟九号"的发射成功进入太空，成为首位进入太空的女航天员。

她们在大众认为的男性领域里，都作出了突出的贡献，鼓舞了无数的女性。亲爱的女性朋友，请不要被女性的身份所定义，冲破身份的限制，勇敢向前一步，广阔天空等着你。山妻虽为女流，却巾帼不让须眉，颇通剑理，强似他七尺之躯。

觉察练习

你有没有自己想做，但顾及世俗又不敢去做的事？如果给你一次重来的机会，你会做出什么选择？

若想人生精彩，选择做大女主，而不是小女人。独立的意识，永远是你起步的基石。尝试去和男人们一起做事,你可能比他们做得更好,你会为此兴奋不已。除了生孩子,世界上没有什么是女人该干的事,只要是你想干的事,就大胆去干,忘掉自己的性别。"她力量"和"中女时代"已经到来,相信我们会在这个伟大的时代中绽放自己。

第二节 "马华"带给健身界的思考

马华,中国早期健身操教练员奠基人,健身操女皇。她的生命虽然短暂,但她对中国大众健身的贡献无人能敌。

当年提起健身皇后马华,全国上下无人不知无人不晓。可是,41岁的马华,在她事业如日中天的时候,突然去世,这在当年引起了轩然大波。

大家在为马华感到惋惜的同时,又在质疑健身操对于健康的影响。这对当年正做健美操教练的我,冲击非常大。让我不得不重新去审视健身操,不得不去了解马华。

马华中学毕业就当兵入伍,成为一名文艺兵。退伍后,进入北京市曲艺团成为一名报幕员。有一次马华被邀请参演话剧,其中一幕,是马华在舞台上跳一段韵律感十足的舞蹈,这就是后来马华的健身操雏形。

和马华一样,我和她都学习过好莱坞演员简·方达的健身方法(通过简·方达的书和录影带来学习)。不同的是,马华奔放开朗,带操时穿着当年并不多见的高弹紧身连体健美服,她性感火辣的身材立刻吸引了无数人的目光。

我们都是一边工作一边带操。不同的是,她通过跳操,体重增加,体质变好。而我却是体重减少,体质也变好了。

马华大我几岁,是中国最早一批健身操教练。1986年,马华辞职,成为一名专职健美操教练。1987年参加了全国第一届长城杯健美邀请赛,获得第一名。1993年1月,央视体育频道每天早上播出《健美5分钟》节目,马华参与了50多期节目拍摄。当时,国家也同样喊出了全民健身的口号,马华的名气一度比肩娱乐圈明星。

1998年春节联欢晚会上,马华应邀表演健身操,被更多的人熟知。同年11月马华健身俱乐部开业。马华不仅是老板,也是健身教练,她在兼具公司管理的同时,每周代课三次,生意异常火爆,这也让马华在商业版图上迎来了快速扩张。

2000年年底,马华参与了央视体育频道《早安中国》栏目,这是一个"减肥追踪纪实"系列片。这组系列片拍摄历时3个月,对于马华而言,除了日常授课和管理公司外,她又多了一份工作。

2001年2月,马华终于完成了央视节目的录制。然而,她却被确诊为急性非淋巴细胞白血病。

此后,马华在公众的视野里消失了。我们河南新乡市的"马华健身俱乐部"从张罗着2001年5月开业,拖到7月开业，都没有等到她的剪彩。老板的女儿很能干，带着几个健美操教练撑起了门面。几个月后的2001年9月，41岁的马华病逝。新乡市的"马华健身俱乐部"更名为"阿华健身俱乐部"。巧的是，老板女儿也叫"华"，且长相酷似马华。

通过对马华的了解，我强烈地意识到，不是健美操本身有什么问题，关键是我们要学会如何更安全、更科学地运动。

可以说，大多数的跳操运动，越跳会让人身体越好，体质越健康，这说明只要不过度劳累，不熬夜，生活规律，跳健美操就是一件提高身体素质的好事情。

我常说：**"宁可练得没效果，也不要把自己练伤，过度运动不如不运动。"**

我来到北京的第一件事，就是去拜访"马华健身俱乐部"。意外的是，它竟然是一个地下室店，且店面不大，通风采光都不理想。它仿佛告诉我，店面环境与"马华健身俱乐部"这几个熠熠生辉的大字不相匹配。看着"马华"二字，我心情久久不能平静。

马华是我心中的偶像，也是我心中的英雄，马华为推动全民健身所作出的贡献，永不可磨灭。

觉察练习

马华，一代健美操女皇，却英年早逝，她给你带来的思考是什么？

健康的生活关系到每个人，再好的身体也扛不住熬夜的损伤，尤其是女人。健美明星马华虽然英年早逝，但健身的价值却毋庸置疑，选择相信，选择行动，而不是为自己的懒惰找借口。马华离世已经20多年了，这20多年里，中国又诞生了多少个健美明星。你愿意做一名健美传播者和授业者吗？不分性别，不分年龄，只要你想，都能实现。

第三节　从领操员到教练员的飞跃

"冰冻三尺非一日之寒,滴水穿石非一日之功。"工作本领需在实践中一点一滴积累。

健美操教练分两类。一类是领操员,也就是跳别人创编出来的一套操;另一类或集训学习,或跟着光盘学习(我们俗称"扒盘"),自己学会了,再上台带领大家跳。这类教练占健美操教练总人数的99%。用同事的一句话说:"编一套操,比生个小孩还难。"我刚开始做健美操教练的前几年,就属于这类教练。

其实,从一开始做教练我就好奇,老板的音乐是从哪里找来的?这套操是他创编的吗?还是哪里来的成品操?这在当时是老板的商业秘密,绝不肯透露半个字。你只管记动作,熟悉音乐便是,其他的一律不让问,问了也不会告诉你。

可我不甘心,书店里有关健美操的杂志和书籍,我几乎都买过。说实话,那个时候,这方面的书和杂志也不多。走在大街上,只要听到劲爆的音乐我就会停下脚步,上前去咨询音乐的来处。那个时候还没有光盘、U盘、手机,大多是在录音机里放磁带。磁带不易保存,用得久了就松了,容易缠绕在机子里就此损坏。所以,遇到好的音乐我会刻录好几个磁带做备份。

音乐解决了，接下来就是动作素材了。电视机里的歌舞节目就成了我不错的素材库。武术、体操、民族舞、芭蕾舞、扭秧歌都可以成为健美操的动作素材。那一段时间，我就跟走火入魔似的，走到哪儿，节拍数到哪儿，动作比画到哪儿。我不再满足带别人的操，果断告别了老东家，带着自己的新操，应聘到"阿华健身俱乐部"。

这是一个专业的健身俱乐部，不像之前的健美厅，只有健美操，没有器械训练部分。在这里，我结识了很多优秀的健身教练。有一天，老板带着一伙人走进操厅，我正在操台上代课，从面前的镜子里，看到他们在那里指指点点。下课后，老板叫住我说："你想不想参加健美比赛？你去参赛应该能拿奖。"

旁边的教练抢着说："咱这么大的新乡市，健美比赛没有一个女选手，太丢人了。"

"燕姐，你要去，我就去，咱豁出去了。"说这话的是一个20多岁的女教练。

我犹豫道："我都40多岁了，跟你们小姑娘站在一起，不合适吧？"

老板摇摇手说："正因为你年龄大，还有这么好的身体条件，只要站在赛台上，你就赢了。"

他的这句话鼓舞了我，心想：40多岁的人，已经没有什么机会了，能抓住一次是一次。于是果断地说："好，我豁出去了。"

就这样，我在没有任何准备的情况下，第一次参加了2002年河南省健美比赛，并获得女子组58公斤级以上第三名的好成绩。

因此，我也认识了新乡市体育局的干部们。当我向他们诉求想考教练证的时候，他们说：你的资质，可以直接报考国家最高级教练，我们给你出证明。

国家级的教练考核是相当严格的，每年过关率不足50%，且报名门槛最高，需要有8年健身教练从业资质才有资格报考。理论考试会刷下一大批人，我侥幸过关。实践考试更是一轮又一轮，先是健美操创编能力考核，后是新操接受速度考核，再是站在学员身后的语音带操能力考核，最后是无声手势带操能力考核。好在我一直没有离开过操台一线，顺利拿下盖有国家体育总局大钢印的国家级健美操教练证书。顺便说明一下，国家级是最高级，国家一级相当于省级，国家二级相当于市级。至此，我完成了从领操员到专业教练员的跨越。

觉察练习

不积跬步无以至千里，不积小流无以成江海。人的成长也是一个从量变到质变的过程。相信很多人都有这样的经历，十年寒窗终得高榜。潜心钻研，终得胜果。你的一生中，都有哪些令你难忘的收获时刻？

第四节 "比赛不公平？"我来当裁判

从赛台上的运动员，到赛台下的裁判员，我经历了太多不为人知的事。

加入专业的健身团队之后，教练们每年都要参加比赛，有的甚至一年参加两个比赛。因为我年龄偏大，所以就决定隔年参加一次比赛，这样能让身体有一个彻底恢复的过程。

参加健美比赛是一件非常损耗身体的事情。只要你不走专业比赛的健美之路，建议你不要轻易地去模仿健身教练们的训练方式和饮食计划，那将会对自己的健康造成伤害。

能参加健美比赛，走上赛台的选手，我透露给大家，他们90%以上都服用大量的所谓营养补剂，包括女性选手。他们赛前每天吃大量的蛋白质粉、增肌粉、氨基酸、维生素片等花花绿绿几十种营养片，甚至注射类固醇药物。再加上每天吃大量的鸡蛋清、牛肉、鱼虾等蛋白质含量较高的食物，饮食上断盐断油，一般人根本接受不了。这也是我几十年来饮食清淡的原因。因为我吃过清水煮鱼、清水煮肉、清水煮菜，没有一粒盐，不放一滴油，一般人根本咽不下去。因为要拿成绩夺奖牌，必须吃常人难以吃下的苦。

因为大量食用所谓的营养补剂,健美比赛,始终没有走进奥运赛场,甚至连表演资格都没有,这也是健美比赛一直不被大众接受的原因之一。

饮食的严苛超出常人的想象和认知,训练也是如此。大重量冲击、小重量雕琢、有氧训练减脂肪,而且是在身体断盐断油的状态下完成超大训练量,这是常人难以承受的训练。我经常会告诫我的会员,远离那些要参加健美比赛的选手,他们中的部分人内分泌完全紊乱,情绪难以控制,会狂躁不安。为了脱水彻底,他们还要喝下更多的蒸馏水,来带走身体里更多的水分,让肌肉清晰度更好。他们要吃更多的碳水,让肌肉饱满度更高,要吃更多的蛋白质,确保减肥的同时,肌肉丢失得少一点。但碳水吃得多,又容易长脂肪,就需要做更多的有氧运动,他们就是在这种身体的各种对抗中,寻求最佳状态,很苦。

最苦的不是训练,而是控制饮食。有一次参加比赛,我们定了一个小饭馆,跟老板反复叮咛,所有食物不放一粒盐,不放一滴油,用过的锅要刷三遍再给我们煮饭。头一天还好,大家一边打混取笑一边吃饭,因为注意力如果放在吃饭上,谁也吃不下去。第二天中午,大家闷头吃饭,谁也不说话,各个吃得满头大汗。我觉得不对,问大家:"你们怎么都不说话呢?是不是这饭太香了?"

一句话提醒大家,我们的领队立马发飙:"老板!你不想混了吧？"

老板吓了一跳，急忙跑过来问："咋啦？兄弟。"

领队指着一桌饭菜问他："是不是放盐了？"

老板委屈地说："不可能，我再三交代过。"

他把大厨拉出来问："你小子是不是放盐了？"

大厨举起捏在一起的大指和食指说："我就放了一丢丢，我想着，再淡的口，也得放一点盐呀，没盐咋吃呀？"

大家一听都炸毛了，这不是让我们前功尽弃吗？

还有一次，一个队员刚出赛场，直奔饭店大喊："老板！我要喝油！"一顿大吃大喝失去了控制。要知道，刚比赛完，这个时候是运动员最危险的时期，因为他们的小脑还处于紊乱的高峰期，自己完全没有控制能力。领队上前极力阻止，两个人扭打在一起。我们生拉硬拽把他拖回了酒店，谁知他一夜没睡，嗑了几大包瓜子，因为他桌子上只有瓜子，是我们没有收起来的。天快亮的时候，就听他"哎哟，哎哟"叫个不停。我们爬起来一看，他脸色苍白手捂着肚子。我们赶紧将他送医院，一检查，胃破了。医生都惊讶，他怎么吃了那么多东西，且他本身就有严重的胃溃疡，还好及时做了手术，无大碍，但他从此也退出了健美比赛，从教练的行列中消失了。

一连三年这么辛苦的比赛，我们队的成绩都不理想，各个不服气地说："说不定有黑幕。咱新乡市没有裁判，欺负咱……"

一句话提醒了我：是呀，我们城市这么多参赛选手，却没有一个裁判员。于是,我便当即决定,报考健美裁判员。等我经过培训、考核,拿到"裁判员证书"后,我带着大家分析健美比赛,给大家科普比赛规则和注意事项。

我拿着当年前六名的集体照片,用手挡着照片队员的上半身,让他们自己评判哪一双腿应该是冠军的腿。当大家的手一致指向其中一双腿时,我把手挪开让他们看,并不是他们心目中的冠军。我说:"男子比赛到最后,大家都很优秀,这个时候就看下半身,谁的腿特别是小腿能胜出,谁就是最后的冠军。如果冠亚军难分胜负,那就再看细节,看你不经意间的转身、举手、投足。但凡没有经过精雕细琢磨出来的肌肉比例,都经不住裁判的考验。一些老裁判,甚至搭眼一看就知道你练了几年,用的什么蛋白粉。"

原来,健美比赛有这么多门道。想夺冠,男人看小腿,女人看腹肌。这些平时不太注重的部位,原来都是健美比赛中不可忽视的重要因素。心里有了答案,目标就更加清晰。之后,新乡市的健美比赛成绩年年提高,甚至连续夺冠。

觉察练习

你所在的行业都有哪些鲜为人知的门道呢?写出来,故事一定吸引人。

第五节　"非典"后全民健身热潮

"非典"之后，健身于人们的意义，变得紧急重要且商机难得。

2003年春节前后，非典（SARS）疫情流行。一时间，学校放假，商场关门，外地车辆严格管控。记得那个时候，我正私下里开办着一家小健身房（因为身为企业员工，不敢公开）。我每天在空荡荡的操厅里编操，在安安静静的训练器械中来回穿梭。有一姐妹发现了我的行踪，要求一起练。于是我俩约定，每天下午3点到4点在健身房见面。她以为我会带她跳操，我说："我带你练更好的。"

于是，我带她到楼下器械区，她一看急了："这都是男生练的，冰冰凉凉的铁疙瘩，没意思。"

我说："你每天反正也没事干，来这说说话也行呀。"

我指着龙门架上的钢索对她说："你一边跟我说话，一边拉这个玩儿，反正也不累。"

她就有一下没一下地上下拉动钢索，跟我说着她下岗后创业的故事。她说："钱倒是挣了不少，可是把腰累坏了，现在腰里还留着钢钉，走路歪着身子。"

一个月后,有一天她特兴奋地问我:"教练,你说奇怪不奇怪,我洗澡的时候,突然发现我肩膀比原来好看了,皮肤特亮特有弹性。我没干啥呀?"

我笑着说:"怎么没干啥?你每天拉这玩意儿,你以为是白拉的呀。它对你上身的塑形效果超过你跳一年的健身操。信不信跟我练一年器械,让你走路都能挺直腰板。"

她惊讶地说:"真的假的?我说你咋天天泡在这里呢。"

我说:"我开始也不信,可是事实就是这么神奇,毋庸置疑。"后来,她练了不到半年,就能站直身体了。

大概到了"五一"前后,非典解除警报。我的小小健身房每天人员爆满。我想,这是解封以后,压抑了一冬天的健身热情爆发了吗?再看看其他健身房,皆如此。本来每天早晚各一节健美操,因为人太多,站不下,晚上又增加了2节课。器械厅不得不实行2小时限时制。看着这朝气蓬勃的发展势头,真想开个大大的健身房,乘着这股健身热潮的东风,创业崛起。

6月,我去郑州参加"社会体育指导员"培训班,发现了好几家刚开业的健身房,我们培训班也来了好几拨招教练的人。这说明经历了非典,国民的健身意识突飞猛进地提高,大家都嗅到了商机。

非典风暴过后,总会有生命顽强地崛起。这场疫情也不例外，它催生了健身行业的逆势崛起。我对健身行业足够了解，如果我是一个既有眼光又有决断的创业者，这无疑是一个巨大的机会，我看到了，但我又无奈地看着机会溜走。

首先我得承认，自己那个时候还没有走出国企的魄力和胆量，还没有承受创业风险的能力。说白了，虽然了解健身行业，但创业的认知不够，错失良机是必然的。

其次我得承认，那个时候，我对线上的电子商务认知不够。在单位，别人是抢着学电脑，我是被领导逼着学电脑。虽然看到了因为疫情，年轻人纷纷选择线上购物，但还没有认识到它将会成为人们生活服务的必需品。总认为，一切都是暂时的。

正因为经历了2003年的非典，让我在2019年12月到2022年12月的三年中，强烈地、清醒地认识到，另一个时代即将开始，我为此积极筹备。

人永远赚不到认知以外的钱。

觉察练习

你有没有因为，比如财力不够、胆量不够、认知不够，而看到商机却没有抓住的时候？当机会错过之后，你是在后悔还是在伺机寻求新的机会。

第四章　永不言败：坚信自己有故事

第一节　妈妈是个有故事的人

每一个时代，都拥有这个时代的故事，那么，时代下每一个鲜活的生命，就是这个时代故事的一部分。余生，要学会做一个有故事的人。

抑或是到了某一天，想要回忆些什么，想要讲些什么的时候，还能够热气腾腾地一一道来。

当我跟女儿说"妈妈是个有故事的人"时，我被自己这句话震惊到了，但心里却似乎又很笃定这件事。仿佛是上天在冥冥之中，已经为我指定了方向。我跟女儿说："这辈子会有什么样的故事，妈妈还不知道。什么时候有故事，妈妈也不知道。但是，妈妈笃定这辈子，一定是一个有故事的人。"

可能是受父亲的影响，我对生死从无惧怕。父亲在抗美援朝战争中九死一生，却依旧谈笑风生。他经常说："一起打仗的战友，早就化成了灰，我不但活了下来，还有儿有女,一大家子,如今这条命,能发挥余热绝不收着,如果国家有需要,这条命还可以再次贡献出去。"

所以,父亲这一辈子活得特别洒脱。他工资不低,但家里的日子却过得紧紧巴巴。究其原因,就是他不但毫不吝啬地接济老家亲戚,还慷慨大方地帮助生产队干这干那,贴补的都是自己的工资。母亲再有微词,父亲都不为所动,一句话:"人活着就不能忘本。"

我经常在想,如果让我去当兵,我肯定第一时间上战场。父亲能做到,我也能,哪怕战死疆场,无上光荣。所以,这种与生俱来的刚烈性格,这种看淡生死的人生态度,让我干什么都不怕。什么受骗上当,什么遇到危险,什么老无所依。我相信,你所走过的路,你人生观、价值观的形成,就注定了你的结局,一切都是合理的安排。

女儿的降生,让我第一次强烈地意识到,活着的意义不仅仅是生命的延续,更是一份责任。我不可以毫无道理地轻视我的生命,我承担着养育她的责任。从此,我有了一个"用我的一生去托举起孩子的人生"大目标。

1996年父亲的去世,让我开始更深度地思考家族传承,这个人生的命题。

我想,父亲从农村走到城市,从士兵走到军官,从大字不识一个到提笔成文。他的蜕变,让我们比乡村的孩子有了更多的机会,有了更安逸的生活,也让我们的家族跨上了一个新的台阶。作为非常敬仰父亲的女儿，是不是应该将这一使命继承和传承下去，在父亲为我们打下的基础之上，再上一个台阶。至少要为自己的孩子打下一个更好的基础，至少要走出这熟悉的小城，去大城市闯一闯。

况且，说"有故事"这话的时候，我已经做兼职健身教练好几年了。工厂之外，拥有了自己的粉丝。从粉丝们的身上，我看到了大厂以外更多的人和事。

我看到了幼儿园老师因改行做保险，过上了自己想要的优渥生活；我看到了公交女司机，兼职做模特，在获得了华北地区"优雅妈妈"冠军后，自己开办培训学校，深受学员追捧，自信又优雅；我看到了小学老师利用寒暑假做导游，走遍大江南北，心胸似高山大海般宽厚。从她们身上，我看到了不一样的人生。

人生不是轨道，人生是旷野，是无论你到什么年龄，都可以干自己想干的事。生命的意义不就是在完成各自的使命吗？每个人的使命不同，故事不同，更何况还有家族的传承和梦想。

我笃定自己是个有故事的人，可能是70岁，抑或是80岁。年龄不能阻挡我续写自己的人生故事。

即便你60岁，未来还有几十年的生命，几十年的时间，从头开始做什么都来得及。

觉察练习

　　大部分人认为，家族传承是家族男丁的使命，和女子无关。想想，我们女性在这件事情上能做些什么。

　　你是否也认为人过半百不学艺，很多事情错过了就再也没有开始的机会。其实，事情不是你想的那样，只要你想做，你的机会和年轻人一样多。

第二节 孤独才是优秀的开始

真正的孤独，不是身边没人陪，而是心里空荡荡，没有能说话的人。其实，孤独对优秀者来说，不是诅咒，而是成长的加速器。我们可能都怕孤独，但你慢慢会发现，孤独中藏着大智慧，是你认识自己，思考人生的好时机。

小时候同学们都戏称我是"大活宝"。我跟丈夫炫耀最多的就是："咱走到哪都有朋友，我啥都不多，就朋友多。"我的性格里，有男性的豪爽和不拘小节，一点没有女性的柔弱和娇气。男性喜欢，女性也喜欢。

工厂举办篮球联赛，只要暂停休息，递毛巾的、递水的，一拥而上。有一次，毛巾递得不及时，身边男生立马脱下衣服递给我擦汗，然后开玩笑地说："这件衣服我得供起来，有女神的香汗。"他的表情引得包括我丈夫在内的所有人都哈哈大笑。

工厂的排球比赛、羽毛球比赛、乒乓球比赛、消夏晚会、冬季长跑，都是我的主战场，我带领着单位的男女老少活跃在各个角落。活泼开朗、雷厉风行是我身上的标签。加上我是工厂的产品计划调度员，负责各个单位的协调工作。不管是面对车间领导，还是普通工人，走到哪都有人叫我"王大哥"。

但是我清楚,繁华热闹的表象下,没有一个人能走进我的内心。为此我很痛苦,我没有说心里话的人,包括我的丈夫,我们之间渐渐有一种无法沟通的无力感。

痛苦无人诉说,我便把情绪发泄在健身房,疯狂地踢打沙袋,搏击课上疯狂呐喊。喜悦无人诉说,因为没有人理解这份喜悦。往往我会兴高采烈地把喜悦说到一半时戛然而止,因为我发现聆听的人眼神游离,心不在焉。当她问:"后来呢?"我知道她不需要知道后来,就笑着说:"没事,说说你自己吧。"

这种无人倾诉的苦闷,经历了很长一段时间,有时候我会刻意去迎合别人,想说说心里话,但到头来,不但没有了说心里话的欲望,反倒更苦闷了。

慢慢地,我习惯了一个人待着,一个人做事,越来越没有了倾诉的欲望。渐渐地,我可以一个人安静下来做点自己想做的事情,比如,反复看《红楼梦》,反复听一首歌,反复琢磨一件事,浮躁不安的心也慢慢平和下来。

当我看到"古来圣贤皆寂寞"这句话时,我心头的枷锁瞬间被解开了。虽然自己不是什么圣贤,但我理解,雄狮永远孤傲不群,只有羊才成群结队。

我慢慢学会了品尝和享受这种暗自成长的快乐。因为我发现,比起尘世的喧嚣,孤独更容易让人变得自律,因为它与别人无关,不受干扰。当自律的行为变成了良好的习惯，你便在不自觉地成长。

但是，绝大多数人还是害怕孤独的。他们需要用热闹去填满空虚，需要努力证明自己的存在。就像之前的自己，像个无头苍蝇到处倾诉，嗡嗡乱叫。

凡是成就大事的人，都在一个人默默地修行。一个人时，更能看清自己，也更明白自己想要成为什么样的人。之前总认为一个人是孤独的，后来发现，其实去迎合别人才是真的孤独。当我开始享受这种孤独的时候，我摆脱了别人的期待，灵魂自由。

人生是自编自导自演的现场直播，不可重来。别人都是你人生大戏的过客和配角。当你内心强大不依附别人的时候，你便不再庸俗，不再喧哗，不再抱怨，享受每一个平淡的日子。

尼采说过：**"你今天是一个孤独的怪人，你离群索居，总有一天，你会成为一个民族。"当你感觉到朋友越来越少时，恭喜你，这是你优秀的开始。**

觉察练习

一个人真的不需要太多的朋友，一生有知己一二便能让精神得到满足。如果你还有一个灵魂伴侣，恭喜你，你就是这世界上最幸福的人。所以，你还觉得孤独可怕吗？

第三节　第一次上报纸

工作就像耕田，你播种多少细心和专注，收获的就是多少果实和成就。负责不是口头承诺，而是在每一个细节中体现严谨、专业与担当。

2000年，全民健身热潮再次席卷新乡大地，市政府号召全员广播体操比赛。我有幸成为政府机构的广播体操教练员。

广播体操看起来很简单，但是，要做得规范标准，却不是一件容易做到的事情。其他教练员可能仅仅教会动作要领，而我的教学，却要求大家从基础的核心训练入手。

有很多人不理解："动作会做了，不就完事了吗，干吗那么多要求？"

我说："如果不去参加比赛，胳膊腿动起来，活动活动筋骨就可以了。但咱们是去参加比赛的，要求当然要高一点。"

有人说："多练几遍就好了呀。"

我答道："没错，要多练。但是，不规范的动作，练得越多，离标准越远。要掌握其中的技巧，核心稳定是第一步。"

我看了看大家，接着说："大家在一起的时候，就集体练操；平时一个人的时候，就自己练腹。一个月的时间，保证大家核心力量提高，比赛拿好成绩。"

大家议论纷纷："学广播体操要练肚子，第一次听说。"

还有人问："它们有啥关系呀？"

我举手示意大家安静，说："人体分大核心和小核心。大核心是臀腿、腰腹、胸背；小核心是横膈肌以下，盆底肌以上，也就是腰腹肌肉。大家要多练小核心。"

我环顾了一下大家，接着说："我们做任何动作，腰腹肌肉都要参与，大家可以试一试。核心强大，控制能力就强，身体稳定性就越好，动作质量就越高。要想让自己胳膊腿上的动作听从你大脑的指令，全靠腹肌支撑。"

有人问："咋练肚子呀？"

我回答："练肚子很简单，坐在办公椅上就能练。只要你双脚同时抬离地面，肚子必然收紧。然后再做双肘撑在椅子面上，双腿伸直的动作就可以了。"大家好像都松了一口气，感觉没有那么大压力，频频点头。

我接着说，"大家思想统一了，接下来的事情就简单了，这次比赛，我有信心咱们能拿好成绩。"大家热烈鼓掌，给自己打气。

果然，训练中大家体会到，动作整齐不难做到，难的是动作划一。要想动作整齐划一，腿抬的高度、手臂举起的角度，以及落下的速度，都要靠核心力量去控制。重点抓住了，大家表示回去一定练好腹肌。

没想到，我带练的几个单位，包揽了比赛的所有名次。更没有想到，这些训练中的内容被"新乡晚报"报道，还配有照片。他们是什么时候拍下来的？我一点没有察觉到。

拿着报纸，我第一时间就想起了父亲。同是《新乡晚报》，父亲是自己写的文章见报，我是照片见报，我深感慰藉。

我丈夫拿着报纸说："就我媳妇这德行，还能上报？"

女儿立马回怼说："这是咱家的一份荣誉，我妈是个有故事的人。"

信心的树立是一点一滴积累起来的，就像上纸媒这件事情，我从中赚到了面子，更赚到了自信。而自信，比黄金更宝贵。你对待一件事情的认真态度和负责精神，会让你收获意想不到的荣誉。

觉察练习

每个人，努力工作的样子都很美，你还记得自己的最美时刻吗？把它记录下来，当故事讲给后来人听。

第四节 "硬刚"男性的不服气

生命的常态，远不止泛着涟漪的池水，更有涌动的暗流、潜在的礁石。正是这些，才构成了完整而丰富的人生，也正是在崎岖道路上的砥砺前行，每个人才能不断成长。面对困难，迎难而上，风雨之后，天空才会迎来美丽的彩虹。

在大众的认知当中，举铁练肌肉是男人的专利，女人即使走进力量区锻炼，无非也是跟在男人后面，娇滴滴地摆摆样子，充当男性的情绪调味剂，哪有什么真正的练家。

可我的牛劲儿一上来，还就不信这个邪。训练的时候，男教练看我用上了最大重量，就挑衅说："燕姐，还能再上点重量吗？"

我毫不犹豫地回应："上。"

眼看着健身房能上的重量都加上去了，我说："再上两人。"

大家面面相觑，不敢相信，有人把一个瘦弱的小伙子推到前面说："让他上。"

我指着他们其中两位说："你俩大壮上。"

"上就上，你要能蹬起来，我请大家吃饭。"其中一位很不服气。

等他俩都爬上去，坐稳了。我摆好两脚的位置，开始运气。我知道只要第一个启动动作完成了，后面的动作就不是问题。我深吸一口气，手扶膝盖，脚跟发力，随着我"嗨！"的一声，启动完成。身边顿时一片叫好声，但大家很快安静下来，看我下面的动作。我又微微调整了一下自己，深吸气："嗨！嗨！嗨……"连续高质量地完成了 10 次。两个教练跳下来说："都别走，中午饭，我们包了。"

我赶紧说："不、不、不，饭我可以不吃，我需要你们把我抬下楼梯。"

大家这才意识到，我的超大重量训练，榨干了我的所有体能。因为，我们教练都有这个共同的体验，臀腿若是练过量了，哪怕下一个台阶，都会让你的腿抖到瘫坐下去。若没有别人的帮助，你只有望着台阶兴叹的份儿，自己根本下不去。而且在未来的几天中，你将行动迟缓。你会眼看着离自己几步远的公交车慢慢起步，你就是抬不起腿，追不上去；眼看着上班要迟到，可就是无可奈何地挪不动步子，看着自己迟到。虽然如此，但从此，我成了健身房里的"大姐大"，受到教练们的尊敬和肯定。

在我自己的小健身房里，曾经来过一个大佬。怀里夹着公文包，身后跟着几个大美女，进来就大声地问："谁是老板？"

我走上前回答："我是这管事的，您有什么吩咐？"

他上下打量着我说:"你管事?你会练?"

我点点头说:"我是教练。"

他指着旁边的一个器械说:"你练这个试试。"

我坐在器械上说:"你给个重量吧。"

他一惊,随后说:"好,我给的重量你能完成,我立马办卡。"我没吭声,看着跟他来的几个美女。他马上补充道,"给她们都办,办你们的金卡。"

我说:"好。君子一言,看我的。"

这是一个划船器,我铆足了劲,一口气拉了20个,扭头问他:"还做吗?"又示意前台,"带大哥去办卡。"

他不可思议地一边摇着头一边说:"乖乖嘞,她是个男嘞还是女嘞。"

在工作中,遇到像他这样的男客户不计其数,我一般都是正面硬刚。因为想让别人服你,与其跟他拐弯抹角,躲躲闪闪,不如给他一个直截了当的答案。有时候,迎难而上,能豁得出去,并不一定是一件坏事情,特别是面对他人各种不服气的时候。

觉察练习

工作中,在遇到有人挑战你能力的时候,你是怎么处理的?像我一样正面硬刚,还是采用迂回战术。当然,你若有四两拨千斤的智慧,恭喜你,你一定是人生赢家。

第五节　3年攒8万元，钱是自由的起点

钱是人的胆，母为儿撑伞。母亲不懦弱，孩子就勇敢。人这一生，需要用钱去证明自己，需要用钱去争取自由，需要用钱去拒绝不适。我们生活不是为了钱，但是生活需要钱。

"妈妈是个有故事的人"，时时刻刻萦绕在我的脑海中。在工厂工作了20多年，没有什么建树，对升职加薪，也从来没有过任何欲望。可见我的情商和智商，是不适合在这种人际关系复杂的环境中发展的，那么离开也是肯定的。更何况当年工厂效益差，更没有坚持下去的信心，处于一种熬一天少一天的状态。

女儿上高中，花光了家里仅有的一点点积蓄。高一开始，我便为她上大学开始积蓄资金。我只有一个信念，不能让孩子上不起大学，不能让孩子贷款上大学，不能让孩子觉得自己低人一等。

我打听了我所能打听到的所有学校，重点大学、普通大学，4年下来需要2万元~4万元不等，最费钱的艺术院校也不超过10万元。心中有了目标，我就开始咬牙切齿地存钱。

记得那时手里哪怕有多余的一毛钱，都赶紧放进我

的铅笔盒里，压得平平整整。攒够10元钱，就立马存进银行。

那个时候，我的小健身房，季卡35元，半年卡60元，年卡100元。每办一张卡，就会跑一次银行，生怕零钱存不住。

3年时间，家里3口人，没添过一件新衣服。孩子穿校服，俩大人都穿工作服。为了不让孩子有自卑感，她的校服都被熨烫得平平整整。红色的平绒电视机罩，给她改做成马甲；厂里发的线手套，拆掉再织成花色线裤；家里的床单中间磨破了，再两头对折，做成被罩；孩子长得快，棉裤棉衣的长度不够，就变着花样地接长。没办法，厂里每月只发一半左右的工资，勉强能顾住一家人的嘴，能省则省，不敢多花一分钱。

在单位，时刻注意着厂里的政策变化。由于效益不好，工厂想甩掉包袱轻装前进，制定了一系列政策。其中有一个文件，是鼓励提倡在外有门路的职工，提前办理内退手续，工厂发放生活费，等到了正式退休年龄，再办理正式退休手续。我仔细阅读文件后，明确了女职工可以提前内退的年龄为45岁。屈指一算，还差3年，也正好是我女儿考大学的那一年。

啥都不说了，埋头攒钱，埋头考证。健身教练的资质储备是必须的。然后就是等女儿考上大学，我45岁办理内退，出去闯一闯。

不知不觉两年过去了，看看存折上的数字，将近8

万元，心里的一块大石头也差不多落地了。去北京的决心已定，只等女儿的高考成绩，期待着我俩一起去北京。

也就是这个时候，工厂又实行末位淘汰制度，原本计划3年后办理内退，因为这个政策的实施，我选择提前办理了。其实，有胆量提前办理内退的最重要原因，还是把孩子的上学钱基本攒够了，心里踏实、有了底气。

一辈子对钱没感觉的我，此时觉得钱就是人的胆，钱让我有拒绝的勇气，钱让我有自由选择的底气。

办理内退后，我除了在自己的健身房带课，又在其他几家健身房赚课时费，不想让空闲出来的时间浪费掉。

当女儿的高考成绩下来时，我知道女儿暂时去不了北京，我说："没关系，我先去，在那给咱打基础，等着你。"

我把存有8万元钱的存折，交给丈夫说："这是女儿的全部学杂费，足够了。"

他打开存折一看，惊呆了："你啥时候存了这么多钱？"

我平静地回答："不偷、不抢，牙缝里抠出来的。"

看着放在电视机上的车票，我知道，我的人生即将翻开新的篇章。

觉察练习

生活中，有哪件事让你咬牙切齿地发狠去完成，且必须完成？你对赚钱这件事，有什么想告诉我们的。

第二部分
蜕变突破

走向大城市,抓住时代红利,
全然绽放自我。

第五章　大龄北漂：打工创业重新出发

第一节　45岁离开国企，冲破年龄歧视

到底是在小城市安稳，岁月静好，还是到大城市打拼，开阔眼界？每个人都有不同的答案，无关对错。然而，每一个不服输的女性去大城市，都会遇到更广阔的舞台，完成自我蜕变。

过硬的资质证书，以及多年健身教练的历练，让我在 45 岁，女儿考上大学的时候，有胆量离开军工国企，成为大龄北漂。

有人问："45 岁，过几年就能退休，还折腾啥？选择现在离开，岂不是放弃了最好的退休待遇？"领导也问："你能保证离开工厂得到的更多？"我说："不能保证，但有可能。"现在回头再看这件事，我庆幸当初的果断离开。

45 岁的年龄，是不敢投简历的，只仗着身材好和精气神旺盛直接去面试。但是，短短的 10 天时间，就被大

大小小的健身房拒绝了不下50次。原因就是年龄太大,不好管理。

但是我并不气馁,因为这是我来北京之前就预想到的事情。我深知自己北漂的最大障碍,不是普遍认为的"国企病",而是年龄。如果自己过不了年龄这道坎,可能就不会出来北漂了。

虽然每次应聘,都站在一堆年轻人当中,显得格外引人注目,但是,再脸红心跳,也咬牙死撑着装作淡定,就像当年自己跟着小朋友们学拼音一样。虽然付出了面红耳赤的羞涩、旁人异样的眼光和不理解,但换来的是知识,是没有掉队的大学门票。我知道自己要什么。所以,年龄这道坎,是我想过也得过,不想过也得过的硬任务。

机缘巧合,我碰到了一个河南小老乡,他说回龙观一家健身房刚开业,急需女教练,可以去试试。果然,当天就应聘成功。

不承想,接下来的事情,才是最艰难的考验。第一天上班,入职接受短暂培训。第二天,主管宣布任务的时候,我愣住了:难道是让我们自己卖课出业绩?

其他几位教练看到我的窘态,阴阳怪气地说:

"那么厉害的资质,还怕这点任务?"

"一个老太太,也来跟我们抢饭吃。"

"她应该应聘保洁,给人家做饭带孩子。"

听到这些不友好的声音,我只是淡淡一笑,不予理会，因为我理解他们的不解，同时也下定决心，北京我是留定了。

那个时候正值2001年北京申奥成功，健身热潮蓬勃兴起。2002年北京非典疫情，引起了全国恐慌。这也让公众对健身有了更强烈的意愿。健身房犹如雨后春笋般破土而出。但是，健身教练却奇缺无比。于是，大量的培训机构迅速崛起。

健身房的年轻教练们，绝大多数都是从培训机构走出来的。当他们看到一个老阿姨，拿着国家体育总局考核认证的证书，心存质疑和不忿，是很正常的事。

我们每晚10点下班后开会，追查当天业绩。凡是当天没出业绩的教练，统统思过不许回家。每次回到出租屋，都是后半夜。第二天再正常上班。那一段时间极度缺少睡眠，特别熬人。

房东一家非常善良，憨厚的男主人，每晚在村头等我。他说："大姐，我家有一辆自行车，你骑着上班吧，早回来，早休息。"

这种来自异乡人给予的关怀，让我心头温暖，给我枯燥又高压的北漂生活带来一抹温柔的亮色。

粗算了一下，不到20天的时间，应聘上再辞职的人，不下70个。终于知道，我当初为什么能应聘成功了。但45岁的年纪，已不是冲动的年龄，况且，再应聘也很难，所以不敢轻易地离职。

我清楚地记得，那晚的例会，主管指着我骂道："还有一周,你再不出业绩,就给我滚。"

我一改往日的隐忍反唇迎战:"你放心,完不成业绩,我不会赖在这儿不走,也不会要公司一分钱。但是,我不会提前一天离开。"

我被自己这话震惊到了,因为根本没有想过:为什么会说"不会提前离开"这句话。既然如此,只能硬着头皮死撑到底。

坐在出租屋的简易床上。回想这一个月的煎熬,回想被小主管痛骂的场景,回想房东每晚给自己留的灯光,我彻夜未眠。

早上,看着窗外初升的太阳,心想:又要踏上新的求职路了。今天去上班,还能做点什么呢?未来几天,要怎么度过呢?

窗外的鸟儿,在枝头上叽叽喳喳,跳上跳下。雁过留声,人过留名。来此一趟,又留下了什么呢?既然被辞退已成定局,再牛的资质,也没有体现出它应有的价值。索性在临走前,把自己的专业展现出来,不管是谁,只要能帮到他就行,不至于离开得太难堪。

上午9点,我随着第一批会员走进健身房。心里放下了业绩压力,身上倍感轻松,面带微笑去迎接每一个会员的目光。看到镜子里的自己跟她说:很久没有笑过了,你笑起来真的很好看。

有个穿一身白衣的男生,引人注目,看他在那里斯斯文文地摆弄器械。我走过去告诉他这个器械的用法、注意事项和适合练到的身体部位,并亲自给他示范了几下。不等他说谢谢,便扭头离开。

就这样,不带有任何功利心地忙碌了一上午。中午的时候,会员极少。一个女生在跑步机上慢走,眼睛盯着前方的电视。我走过去跟着一起看,是电视连续剧《红楼梦》。

我们边看边聊,从曹雪芹的原著聊到电视剧本,从宝黛薛的三角恋聊到王熙凤和秦可卿。剧情结束了,她停下了跑步机,转过头来说:"别的教练都忙忙碌碌上课,你怎么不上课呢?"

我被姑娘突如其来的直白,问得面红耳赤。看着她的眼睛,坦然地答道:"我没有会员,没有人跟我上课。"

她惊讶地问:"你挺专业啊,怎么会没有会员?"

我低下头轻声答道:"我不会卖课。"

她笑了,轻轻地说:"我也是做销售的,能理解。你给我当教练吧,你真的很专业。"

我不敢相信自己的耳朵,搞不清她是同情还是真心认可。我被她拉着走到前台,前台主管一边办我们的手续一边说:"王姨,上午广播里叫您好几遍,怎么不答应啊?会员买您课,等您签字呢。"

我说:"我一次都没听到呀?"

她说:"Ann 是您吗?"

我愣了好几秒,突然反应过来,入职时,每个新员工都要有一个英文名字。我急忙回答:"是我,是我,不好意思。"

看着递过来的几份合同，真不敢相信这梦寐以求的局面会在不经意之间出现。

原来，成功的大门，真的是虚掩着的。这次的突破，不是世界发生了改变，而是自己的心态发生了改变。最后一周，每天出几单，我的业绩一路冲到了销冠。

真诚做人，是立足之本。极致利他，是事业发展的底色。你若只想赚钱，你将无法开始；你若不想赚钱，你将无法持续。这是我几十年职场摸爬滚打出来的经验。

动机至善，让我长期稳坐"销冠"的宝座。45岁老教练终于活出了该有的样子。正如《了凡四训》所说：**"一切福田，不离方寸；从心而觅，感无不通。"**

觉察练习

思考一下，在你的生活中，是否做过利他的事情？这些事情后来是否给你带来福泽？

如果你很少做利他的事情，可以尝试着改变自身的动机，去做一件利他无私，不问结果的事情。这件事表面上可能无果，但你会收获平和的处世心态，从而为你带来高纬度的处世之道。

第二节　做管理，让每个队友都赚到钱

以开放和包容的心态，让每一个跟随自己的人都赚到钱，这是一个管理者应有的智慧。**让辛苦的人赚到钱，他们会更努力地工作；让懂行的人赚到钱，他们可以让我们少走弯路。**

因为业绩好，我被调到"清华店"做教练部主管。"清华店"，顾名思义这家店在清华大学的旁边，当然，离北京大学也很近。戏剧性的是，我曾经来这里应聘过教练，但被店长婉拒了。当他看到我的时候，惊讶地问："大姐又来了？还是来应聘教练吗？"

我笑着答道："您还记得我呢。我是总部调来做教练部主管的，这是我的调令。"

他惊讶又尴尬地笑着说："都听说回龙观有个特能干的女教练，原来就是您呀。"

我说："我一个人能干不叫能干，让一群人都能干，那才叫能干，就像你。"

我俩都哈哈大笑起来，尴尬的局面瞬间烟消云散。

牛是吹出去了，也等于许下了承诺。我心想，既然我是店里年龄最大的员工，那就得有一个大姐大护犊子

的样子，我不仅要带着大家把教练部的业绩做上去，还要让每个跟着我的教练都赚到钱，一个都不能少，有担当才能赢得尊重。

首先就是做宣传，教练员的大海报呈现在前台大厅。原来的教练展板，每个教练都冠名"高级私人教练"，每个人都擅长增肌减肥，同质化太严重，而这次要突出的就是个人最具体的、落地的特点。

老教练，突出他的上课数量，经验丰富不是一句话能表明的，而是利用人们相信"10000小时定律"的心理，用数字说明问题，吸引大学老师这个群体。

新教练，突出他精力旺盛，课美价廉，用低课单价打动用户。并且补充，因为他敬业好学，一小时的课，在他这里可能就是75分钟。因为，要抓住清华和北大学生这群客户。

当然，这必须在客户资源配置上下足功夫。我待的时间最长的地方不是教练部，而是前台办会员卡的地方。我记录着每个进店办卡的会员，观察他们的言谈举止，穿衣打扮，包括他们手里的车钥匙，手机型号等，然后再分析他们的基本信息：年龄、性格、手机号、住址。

进过健身房，办过健身卡的人可能都知道。不管是销售卡的会籍顾问，还是私人教练，他们跟你说的每一句话都不是废话。你回答的每一个问题，都是日后对销售有用的信息。比如以下常见的3个问题。

问:"你是怎么来的?公交?地铁?"

答:"我开车来的。"好,通过这句话,能确定你不差钱,有付费能力。

问:"你几点上班?几点下班?"

答:"我上班晚,下班也晚。"好,这句又暴露出你是管理层,且健身需求强烈。

问:"你大概选择什么时间段来锻炼?"

答:"晚上。"好,这说明你大概率是一个普通的打工人,适合跟新教练。

通过手机号,能大概判断出你是哪一年拥有的手机,且你是不是一个经常换手机号码的人。

通过你的住址,可以判断出你的居住条件,哪怕是租的房子,也能说明你对生活品质有怎样的要求。

我把这些经过大脑打磨出来的会员信息,分配到合适的教练手中。让他们记录每一个会员重点该关注的问题,包括谈单时话术的组织都及时点拨到位,出单率迅速提高。

并且执行三轮谈判制。第一轮,教练员自己开场,把该做的基本服务全部做到位;第二轮进行组长或老教练谈判,谈训练计划,饮食计划,以及课程结构的整体安排;第三轮主管谈判,谈价格、谈课数,最后压单成功。

成单的业绩额让第一轮教练拿走,第二轮教练拿成单百分比奖，主管拿总业绩百分比奖。几个小组每个月PK业绩，胜出者，再拿PK奖励。且每个月发奖励的时候，以现金兑付，让得奖的人，手捧一沓厚厚的现金，发表获奖感言。发提成的日子如法炮制，再来一轮现金刺激。手捧鲜花不如手捧现金，真金白银带来的心动，既满足了教练们的个人和集体荣誉感，又满足了北漂打工族的刚需。

年轻人都好胜，都想赚到钱，方法给你了，奖励给你了，帮手就在你身边。教练们每个月都像打了鸡血似的斗志昂扬。我们店很快成了总部旗下28家门店的标杆。让每个教练都赚到钱，我做到了。

记得有一次，快闭店的时候，突然停电。我立马大声道："助教！助教在哪？"

我身后有人幽幽地答道："主管，我在这儿。"我吓了一跳，刚转身，灯全亮了。一大捧鲜花举到我眼前，我还没弄明白咋回事，就听到："主管，生日快乐！"

"老师，生日快乐！"

"老妈，生日快乐！"

我愣在原地，捧花的小伙子说："主管，今天是你生日，你都忙忘了。"

我鼻子一酸，眼泪溢满眼眶，我接过鲜花，给大家深深地鞠了一躬："谢谢你们。"

大家一拥而上，抱住我就举高高，我哪里抗争得了这些大块头，举我就像举拳头般轻松。虽然没有蜡烛蛋糕，但那是我此生过得最幸福、最浪漫的一个生日。

看着这些年轻的面孔，我们同为打工人，我们同为北漂族，大家彼此温暖，抱团赚钱。

特别是他们当中，那个叫"阿朗"的孟加拉国黑人小伙，我的第一个外国留学生徒弟，已经完全融入了我们的团队。他不但业绩好，赚到了钱，还获得了北京大妞的爱情，生了一个混血宝宝，从此定居北京，这又何尝不是我想要的结果呢。

想想看，一个外国小伙子，在学习汉语的同时，通过语言加手势都能把自己销售出去，并且业绩傲人，更何况其他的教练呢，大家都赚到了钱，我也获得了大家的爱戴。

看着这些年轻人，我对自己定居北京更有信心了。

觉察练习

一个人走得快，一群人走得远。在工作中，你有自己的团队吗？组建一个自己的团队，也就是组建人生发展搭子，大家抱团，裹挟前行。你也可以以家庭为单位，哪怕只有夫妻二人，你们就是最好的合作伙伴，让团队中每个人都赚到钱，让幸福走得长远。

第三节　有一种创业，注定会失败

电影《教父》里有一句台词："那些一眼就能看透本质的人，注定命运非凡。"

当你没有看透事情的本质时，败局就定了。

一件事情，你开始时的企图心，已经决定了最终的结果。而我的创业企图心却是：自己干，以后可以不用再看任何人的脸色，不用担心被炒鱿鱼。现在回头看，这是多么肤浅可笑的企图心。

抱着这样的想法，和自己在北京的富婆闺蜜，合计着开店。我拿出了一年多打工的全部积蓄，大概十几万元，全部投了进去。她负责出大部分资金，我负责经营。

在店面选址时，我犯了一个致命的错误，那就是以健身为情怀，没有考虑以盈利为目标。店址的选择，我要求必须是地面店，不可以选择地下室。采光、通风、空间、装修、洗浴，都要符合我的健身理念，不惜成本。所以，我们的店很"高大上"。

选择健身项目时，我们又想独具特色，开得和别家健身房不一样。于是我们加盟了一种当年很流行的健身项目"舍宾"。这是一种女子健身项目，外加美容美体项目。这种运动方式源自国外，有很高的技术含量，加盟费不菲。

我看中了它的课程设计和优雅情调。在同一节"舍宾"课上，同时有3个教练带练不同等级的体能训练。课程内容还有女子最感兴趣的形体训练和基础的"舍宾"步态训练，要求学员穿着最性感的"舍宾"训练服，训练空间足够私密，教材和教练员都来自俄罗斯。

每周每个学员只能预约两节课，上课前、下课后，教练都要记录每个学员的体重和体围，让训练者关注自己身体上的变化。教练给学员制订的饮食计划精准到训练后多长时间内补充蔬菜水果、多长时间内补充碳水化合物、多长时间内补充蛋白质，其科学依据一二三说得很清楚。如果下一节课前，学员的体重、体围没有朝着预期的目标发展，教练员会帮助学员分析原因，一二三说得让人折服。

找到这么好的运动项目，我欣喜若狂。但是，我又犯了一个致命的错误，就是砍掉"舍宾"的美容美体部分，只保留健身部分。记得当时"舍宾"总部的负责人都傻眼了："什么？把盈利点最高的部分拿掉，你们单靠健身能保证盈利吗？"

我信心满满："应该没问题。"

就这样，我盲目自信，又在根本不懂经营的状态中，走上了错误的道路。穷人和富人，在思维上最本质的区

别，就是穷人思考当下的利益回报，而富人思考的是未来的发展方向。 我既没有考虑当下的利益回报，更没有考虑未来的发展。我们当下的决策，完全是不过脑子的所谓"情怀思维"导致的。

一个人能走多远，取决于他的见识和眼界。

我们的店只存活了不到两年。我清楚地记得那是2008年的夏天，当我向"舍宾"总部报告我们准备转让店面的时候，他们又一次惊呆了："你们一年多时间，招收了几百名学员，这在'舍宾'总部来看，是一件不可思议的事情。其他店，一年能招收几个、十几个学员，就生存得非常滋润。你们怎么就坚持不下去了呢？"

我流着眼泪说："店面成本高，顾客进店没有再消费的产品，我们没有盈利。"

他们说："现在也可以增加利润率最高的美容项目呀，来得及。"

我痛苦地说："如果上美容美体项目，我们的店面还需要二次装修，我们没有这个能力了。更重要的是，大股东投资人已经没有信心坚持下去。我自己空有一腔热情也无济于事啊。都怪我当初不听你们的建议，决策错误。"

看一个人的成长速度，就看他用了多长时间发现自己之前的愚蠢。愚蠢本身不可怕，可怕的是认识不到自己的愚蠢。2008年是给我带来惨痛教训的一年。我深刻认识到了"先模仿,再超越"的硬道理。加盟是很好的模仿方法,但我在没有模仿成功之前,就想着创新超越,砍掉了主要利润项目,结果一败涂地。

也正是因为有了这次创业失败的教训,为我今后的互联网轻创业成功,奠定了基础。人生走过的路,每一步都算数,最终都会成为你的人生轨迹,所有的经历,不一定会成为财富,但一定会成为生命的礼物。

觉察练习

你有创业的经历吗?若没有创业经历,那你有失败的教训吗?它是我们痛苦的经历,更是我们成长的基础。失败不可怕,可怕的是不知道为什么失败,学会复盘,从中汲取教训的养分,重新上路。

第四节　重新应聘，从零做起

世上没有如果，只能告别过去。跟那个走错路的自己和解，生活还得继续。

做完了"舍宾"的善后工作，便想着重新应聘工作。说来也巧，原来的老同事正在昌平东关的一家健身房做店长，邀请我做他们店的教练部主管。当时我租住在"林大"家属院，离昌平东关路途遥远，但是一想到自己和女儿在北京的生活压力，还是同意上岗了。

每天早上，我要坐将近两小时的公交车去上班，晚上再赶最后一班公交回家。没有节假日休息日，每天工作加上路上时间，要十六七个小时。放下这份辛苦不提，工资不能按时发放才是最头疼的事情，我碍于老同事的情面咬牙坚持着。

2008年年底的一天，老板突然叫住我说："对不起，大姐，辛苦了这么长时间。我现在手里正好有点零钱，先给你，等过完年，哪怕只要有一个人办卡买课，都给你结算工资。"

我接过他递过来的500元钱，心里的苦涩无法言表。等我第二天去上班的时候，听小区保洁师傅说："昨天半夜看见你们老板拉了一车东西走了,你们是不是不干了?"

我赶紧进店,看见店长没事人一样地在那闲聊,我悄悄问他:"老板是不是走了?不干了?"

他大吃一惊说:"不可能。昨天还跟我说年后要买新器械呢。"

我俩走到老板办公室门口,发现玻璃门被糊得严严实实,挂着锁。店长愣在原地,我说:"也好,我解脱了。"

这就是我的 2008 年,上半年自己的"舍宾"加盟店倒闭,下半年辛苦白干。

坐在出租屋里苦闷的时候,女儿又病了,感冒发烧很严重。我突然意识到,我为什么把生活过得这么惨?与别人合租一套房,还是隔断出来的,隔音差,没有窗户,上厕所排队,做饭拥挤,打扫不完的公共卫生。也许我的霉运,就是这阴暗的环境带来的,孩子生病,也跟这昼夜不见阳光的屋子有直接关系。

我决定改变。看看存款,应该还够我俩在北京半年的生活费。也就是说,半年内不能改变现状,那就只有一条路:打道回府,离开北京。而这个结果,又是我绝对不能接受的。心想:我就不信,半年内,我没有机会。

于是,果断搬家,找到一个城中村小区,虽然小区环境差点,但室内有独立的卫生间和厨房,明厨明卫,我们有了一个真正属于自己的独立空间。

转过年来，初春的积雪尚未融化，散落在积雪上的炮仗碎片红得耀眼。我们回到了出租屋，看着收拾好的新环境，心中充满了对未来的希望。

第二天，我接到一个电话，一听是我的老东家："燕姨，您回北京了吗？我这儿教练部主管缺人，您来帮我一把呀。"

我问："哪家店呀？"

他回答："回龙观店，您的老窝。"

我心中窃喜，机会说来就来了，回答道："正好，我刚到北京。收拾一下，明天上班行吗？"

他有点着急地说："您下午能来一趟吗？总部所有主管开会。2点，在咱们店。"

我痛快地说："好，下午见。"

在老东家这里，干了几个月，我发现公司一直在亏损。半年后公司分家，几个北京本地股东拿到了不同的店面。我再次预感到末日即将来临，为了回报老东家，竭尽全力撑起教练部的业绩，分担店面的亏损。但我发现，东家已无心恋战，在店里养起了狗。他说："养狗都比健身赚钱。"

每天都有会员反映说店内有异味，我们不得不提前一小时上班，十几条狗，每人拽两条，先出去遛，再领到农家院里撒欢儿，空气清新剂每天都得用十多瓶。

我彻底失去了信心。就在这个时候，我生命中的贵人出现了，是我原来的私教会员，正担任回龙观最大的一家健身房的客服经理，她力推我加入他们。

我没有犹豫，果断辞职，来到新的环境，开启了北漂的新篇章。

只要自己不放弃，人生路上总能遇上贵人相助，请相信世间的美好。

觉察练习

你是否经历过类似的低谷期？当你处在低谷期的时候，接纳自己郁闷的情绪，但绝不放弃寻找新机会。果断与不适合自己的环境和人"断舍离"。相信老祖宗的话"人挪活"，换个环境，换个心情，好运说不定就会降临，贵人就在前方你看不到的拐角处。

第五节　轻松做销冠的秘籍

做销售，首先把客户的利益放在第一位，学会询问与倾听，主动寻找机会，保持自信和乐观，永不言弃。

进入回龙观这家最大的健身房，首先映入眼帘的是"我健身不是因为我喜欢"这条标语，这也是这家公司的企业文化之一。我反复琢磨寻找答案，我为什么健身？

刚上岗没什么客户，每天在馆内跟会员聊天，向他们寻找答案。一位 70 多岁的大姐说："为什么健身？为了能多伺候别人几年，而不是让人伺候。躺在那，被别人伺候可不好受。"

一个 ICU 的医生说："因为健康不属于你自己，它属于你床边的亲人。看看那些躺在病床上的人，谁能为自己负责，焦心的都是围在床边的亲人。"

一个大学老师说："你的健康就是你对父母和子女的一份责任。你自己没有健康的时候，你帮不了任何人。"

一个大学生说："好身材能给人生加分。能管理好体重的人，就能管理好人生。"

一个理财规划师说："健康是人生的最大财富，拥有健康的人，能笑到最后。"

我说："我健身就是因为我喜欢，你的健康不属于你自己，但你却是第一责任人。"

这些答案看似与我们的工作关系不大，但我却从中品出了健身的真谛和情怀。

人不仅要为生存去赚取碎银几两，人多少还要有一些情怀，我喜欢这种人生态度。进一步思考，我和我的客户，不应该有一样的价值观吗？物以类聚，人以群分。我崇拜知识，敬仰知识分子，我的客户不应该是一波既有知识、又有情怀的高知人群吗？我锁定了我的目标客户群。我觉得为他们服务，心里会特别舒服，且从他们身上，我确信能提升自己的眼界。我不想再做那个别人嘴里"男女老少通吃"的全能教练，我要有所选择。

这样做，看似缩小了自己的客户范围，其实，我更看重的是客户的黏性程度，也就是客户不断续费的能力。

果然，这个准确的定位，帮了我大忙。我们之间相互的认同感非常好，沟通成本非常低，信任度迅速建立。接下来我要做好的就是服务。

首先我秉承一个原则，与客户之间保持边界感，做到对客户的家事和工作不好奇、不打听、不评判、不传播。他愿意说我就听着，他不说，绝不问。这看似简单，做起来未必能守得住。跟客户时间久了，相互信任建立了，又是贴身服务，在健身的过程中，难免问这、问那。

有一次，刚来的新教练悄悄问我："燕姨，您这个会员是不是叫马×？"

我回答："是呀，怎么了？"

他惊讶地张大了嘴巴："啊！真是他呀？您知道他有多牛吗？巴拉巴拉……"

轮到我惊讶地张大了嘴巴，因为他跟我练了一年多时间，我啥都不知道。其实，这也正是我维护高端会员的方法。因为，跟高端人群在一起，你的好奇心太重，可能会让你失去这个会员。原本，别人的优秀跟你就没有关系，又何必猎奇？

其次，流露真情实感，坦诚相待，不假不装，走进他们的"心"。我的一个会员是国内知名作家，他说要见大作家莫言，问我要不要莫言的签名书。我说："我看不懂他的书，太高深了。"

他笑着说："我送你一本我的书，看你能不能看懂？"

我认真拜读，等见面时直接告诉他："您的书也看不太懂，好像史诗，很有气势也很凄美。"

他大笑说："我太开心了。你能读懂它历史的一面，凄美的感觉，足够了。"

之后的日子里，他送了我好多书，只可惜我都没看，但这不妨碍他成为我的铁杆会员。他把自己媳妇、儿子、邻居都拉来跟我练。

最后一点也很重要，把会员对你的依赖感培养出来，让他的训练离不开你。怎么培养出依赖感呢？细节。

要根据会员的年龄、性别、性格、职业，设计训练动作。一个标准的动作，用在不同人身上，要有不同的改变，或简化一级，或难度升高一级，或动作幅度要求不同，或发力点有所区别。不但要求他们必须这么做以及为什么这么做，都要在训练中给他们讲得清清楚楚。要让他们感觉到你对他身体的负责，对他身体的呵护。我的会员说："教练对我身体的了解，比我自己都清楚，跟她练，特放心。"

每个月的业绩任务，有这些老会员托底，想完不成都难。更何况，每天都有新会员入场，他们使我的业绩锦上添花。

你知道吗，刚开始也有一些年轻的姑娘是不愿意选择我的。她们固执地认为，老阿姨爱八卦，爱刨根问底，没有边界感，催婚催育是老阿姨的特长。对此，我不解释。我接受她们对老阿姨的看法，因为，大部分老阿姨就是她们说得这样，没什么好辩解的。她们可以鞭策我、提醒我、反思自己的工作有没有越界。这样很好，我喜欢她们，愿意主动跟她们聊天。

慢慢地，在她们眼中，老阿姨就是一名干练、通达、从不八卦的老教练，被她们接受并认可。

回想这一切，我之所以成长飞速，跟企业文化分不开，跟寻找价值观相投的人分不开，跟我的这些高素养会员分不开。他们不仅是我业绩稳定的贵人，更是让我大开眼界、提高认知的贵人。从他们身上我看到了未来自己的样子。

觉察练习

都说做过销售的人，为人处世很圆融、很周到，让人舒服。你认同吗？

你做过销售吗？你的销售风格是怎样的？娓娓道来，还是单刀直入？江山易改本性难移，无论你是什么风格的人，都有自己的优势，都有成为销冠的潜质，发挥自己的优势，大胆地干，请相信自己。

第六章　终身成长：无用之用，方为大用

第一节　55岁学写作，父亲埋下的种子

活到老学到老，没有太晚的开始，只怕你不敢开始。想让他人赏识你，首先让他人看见你。写作就是你展示自己的最好方式。

55岁，是企业女职工正式退休的年龄。我虽然已不牵扯什么退休问题，但内心还是有一个传统的退休情结。年轻时候总想着退休以后怎么样，这一转眼真到了退休年龄，退休后有什么打算，是不是应该有一个结论了。

当我认真考虑这个问题的时候，那一段时间，父亲的影子总是萦绕在我脑海。我忘不了没有上过学的父亲，在我们小城《新乡晚报》上发表的连载文章。我想，自己是不是也应该像父亲一样，拿起笔写点什么。父亲从认字开始学，我从组句成段开始学，比父亲的起点高太多了，还犹豫什么。

曾经跟女儿夸下海口，说自己是个有故事的人。那么，你的故事在哪里？这一辈子所经历过的事情，值不值得写下来？再不济，健身 30 年的经验、方法也可以总结着写出来。

有了方向，就有了动力。想想上学的时候，语文老师说，提高写作的最快方法就是"仿写"，仿照别人的文章格式，填写自己要写的内容。想想容易，真正静下心来做这件事的时候才发现，好难呀。首先是要看大量的文章，去海选自己要仿写的文章。可是，文章看了没几篇，就失去了耐心。从小没有养成阅读习惯，快 55 岁了，突然捧起书来看，真读不下去。捧着小说读也只是看个热闹，对我写文章毫无帮助。

无从下手的时候，发现有人教写作，病急乱投医，也不管是不是适合自己，马上报名集训学习。一周的集训，什么"起承转合"，完全听不懂。除了崇拜老师、羡慕同学，就收获了一个在闲聊中得来的信息，免费的写作小程序《锤子便签》，2017 年 9 月 7 日下载成功，使用至今。

有一天，我被一篇标题为《7 天一篇写 7 年，写完 7 年去南极》的文章吸引。为什么是 7 天写一篇？为什么要写 7 年？怎么去南极？这个 7 代表的是什么意思？

看完文章，我激动不已。7 天写一篇，这个频率适合我，慢慢写，不着急。坚持写 7 年，这个比较有挑战，可以试一试，挑战一下自己，如果能坚持写作 7 年，那还有什么事做不成。写完7年去南极,好有情怀的一件事,我喜欢。

再说,去南极这件事,不是谁想去就能去的,在我当时的认知里,去南极是科考队员的事,是科学家们的事,我一个普通人能去南极,那岂不是一件很酷很值得炫耀的事情。还有这个数字7,原来它来自"七上八下"这个成语。7象征着进步、向上、昂扬、奋斗且有神秘感。这个写作社群的名字叫"007行动"。

兴奋之余,我当即扫码报名,成了"007行动"的7年学员。接下来就是分班,77个战友一个班,在"007行动"这个群体里,同学之间互称战友。

"007行动"上交作业的形式是,把自己的文章任意发布在某个平台,再把这个平台的链接,复制粘贴到"007行动"的小程序上,供班级战友点评。这对我来说,有点丑媳妇怕见公婆的感觉。啥都不会写,就发布出去让公众读者过目,我心里忐忑、害怕、兴奋、刺激,五味杂陈。忐忑害怕自不必多说,那是每一个第一次上台的演员一定会有的。让我感到兴奋刺激的是,如果真能壮着胆子走上台去,不管事情做得如何,你首先战胜了自己,赢了一半。而这种兴奋和刺激,又是我期待的。

我硬着头皮写,心想,第一篇要发布在公众平台上的文章,怎么都不能少于100个字。但就是这区区100个字,我真的写不满,车轱辘话来回说,加上标点符号，87个字，就再也无话可说了。无奈，赶着"007行动"的交作业时间卡点，第一篇文章，就这样不合格地诞生了。

现在回头看这件事，如果没有"007行动"这个推手，我的写作之路可能还要再拖延。"007行动"有句话说得好：**先完成，再完美**。是不是和先起跑，再调整呼吸一个道理。至此，55岁，我的写作之旅正式开启。

写作，看似阳春白雪，跟现实生活的距离比较远，其实不然，它是一个人的基础素养和底蕴，是人设饱满不可或缺的组成部分，是我们准确精彩表达的基础。就像我的短视频文案，就像我的直播间答疑互动，处处洋溢着老燕子的真实风格，有着极高的老燕子风格辨识度，无法被模仿，不可被超越，成为一道独特的风景。这些都无疑跟我长期坚持写作有着直接的关系。无用之用，方为大用。

觉察练习

你有没有一直想做却还没有开始做的事？想想这件事情，可能是写作、绘画、跳舞、唱歌、乐器、旅行、手艺，等等，想做就去做，不要问为什么，不要问有什么用，去开始行动，一切都不晚，一切都不会白费。

第二节　付费学习，即使被收割也值得

那些既没有分析总结能力，也缺乏经验，寄希望于他人，还想快速拿到结果、获取回报的人，往往会成为被收割的对象。

认真地分析一下自己，为什么害怕被收割？不就是认知水平不高吗？不就是盲目地想依靠别人快速拿到结果吗？

与其害怕，不如正视它、接受它。在这个知识付费的时代，付费学习，跟高手过招，让自己变得强大、再强大，即使被收割，是不是也值得？

通过不断学习，慢慢提高了认知，从付费学习当小白，再到内容输出当老师，既是互联网平台的内容消费者，也是互联网平台的内容输出者。我就是这么做的。

我的第一次付费写作学习，可以说是实实在在地被收割了一回，但我觉得值。因为，与其埋怨别人的不厚道，不如分析一下是不是自己的问题？我觉得自己的问题占主要原因。

如果当初自己能静下心来，认真分析一下自己，认清自己，可能就不会盲目地投入那么多钱去做不适合自

己的事情。你问我后悔吗？说心里话，有一点点后悔，但当我想明白这件事后，我知道这是我为自己的认知缺失和鲁莽行为买的单。

有了这一次的教训，第二次再报写作培训班就没那么盲目了，知道自己要什么，知道别人能提供什么，是不是适合自己。"007行动"就是我最成功的投资。坚持写作7年，从写不出100字，到有了写书出书的愿望。如果你认为付费就是被收割，那这次的付费，我心甘情愿被收割，因为我得到了想要的东西。

在"007行动"社群，我不仅坚持写作，还学到打造个人品牌这项技能。我第一次在北京游学中，见到"007行动"的创始人覃杰，他的一句话，让我受到鼓舞。他说："**再小的个体，也要有自己的品牌。**"我开始思考什么是品牌？跟着他的思路，我当即给自己确定了"燕子教练"这个品牌，并且和覃杰一起敲定了**"胖子变瘦子，就来找燕子"** 这句广告语。

至此，我开始有了宣传自己的动作。在"今日头条"上发布的每一篇文章后面，都不忘带上这句广告语，并署名：燕子教练。我当时还不知道这样做，能发挥什么作用，只是觉得有道理，听话照做罢了。因为，那个时候，我对互联网还缺乏足够的认知，更不会想到日后，在互联网轻创业中，它起到了巨大的作用。

随着时间的推移，"007行动"到了兑现去南极的承诺。当覃杰宣布：签订了去南极的邮轮合同时，我知道美梦将要成真，便毫不犹豫地报了名，交了定金。

第一次以"去南极"为主题，跟覃杰连麦时得知，同一条船上的人，个个都是高手，不是出了一本书，就是出了好几本书，要么就是宣布自己的新书发布会就在南极举行。美其名曰：我们是写作社群，不带上自己的一本书，都不好意思上船。气氛都烘托到这个份儿上了，我是不是也应该有所表示，于是就有了"去南极，发布自己的新书"的承诺。

本来，报名"007行动"7年，已经达成了我的初心，写作已形成习惯，去南极也即将实现，但我又自愿续费了14年。我给自己定下了第二个7年去北极，第三个7年我77岁的时候，环游世界。

我写作几年，发布文字几百万，但并没有像有些写作老师说的那样，靠写作赚到钱。他们虽然有写作赚钱的渠道，但没有落地的方法。我尝试着按照这些渠道去实践，发现靠写作赚钱，太难、太慢、太少，不足以糊口养活自己。

这时候，我遇到了"007行动"的原战友梅教主，她也是公众号文章商业变现导师。她指导我写出的第一篇公众号文章，是我学习写作以来最满意的一篇文章，并变现破冰。她的社群运营方法，虽然简单粗暴，但落地性特别好。她一步一步地教我如何操作，一个平台一个平台地帮我分析，一次一次地解答我遇到的问题。跟她学习不足3个月，我就打通了线下转线上的任督命脉，我开始照着她的模板组建自己的付费社群，并不断地扩大战果。

在她的社群里付费学习，本可以就此打住，因为我得到了我想要的结果。但我还是毫不犹豫地补报了她的"私董"学员。因为，我知道她的服务远远超过公众号文章交付范围。

我不会忘记她一遍遍地帮我打磨文章，同时把如何做直播间引流的经验分享给我。这些虽然不在她的交付范围，但她发自内心地想帮我，她的这些帮助，与我是不可忘记的。滴水之恩，当涌泉相报！

不想被收割吗？那就在这个领域深耕下去，付费借助老师们的智慧，让自己有收获有成长。当你强大起来的时候，你就不再害怕自己被人收割，你会用自己的判断和实力，去选择更高级的培训，让自己更强大。

最后说说我的出书陪跑教练，一万多元的陪跑费，让我最后拿到的结果远远超乎我的想象。因为，虽然写作几年，但仅有的文字功底，自认为写枯燥的工具书还行得通，讲明白即可，但要写女性成长类书籍，我的文字表达能力，还远远没有达到写书的高度。

我的出书陪跑教练通过咨询、提问、观察，来让我重新认识自己，找到闪光点。她说："任何一本书都是放大作者的优势，找到作者内心的热情所在，并结合市场趋势做交集。"

正是因为她的观察，结合市场需求，让我重新找到了这本书的定位，以成长故事为背景，带出健身和健康干货。既有故事情节的趣味性，又有健身干货的方法论。

她说："只要你自己内心足够笃定、足够有愿力，那么整个世界都会来帮助你。品牌势能、写书技巧、出版资源会逐步跟上。"

感谢知识付费时代，从怕"被收割"，到愿意付费学习，再到茁壮成长，**每个人都能活成一道光照亮这个世界；每个人都值得出一本书，熠熠生辉于这个世界。**

觉察练习

不付费学不会，这是知识付费时代的至理名言。付费代表了你的重视程度，越重视才能倒逼自己学习。你都报名了哪些付费社群，学了什么课程？收获是什么？写出来，让大家获得启发。

第三节　不被时代淘汰，永远靠近年轻人

这是一个美好的时代，这也是一个瞬息万变的时代。互联网让未来的不确定性更加确定，新思想、新技术的迅猛发展和迭代升级，让我们手足无措，目不暇接，有一种永远学不完、跟不上的恐惧感和挫败感。

但人生如逆水行舟，不进则退。未来已来，如何跟上时代脚步？莫言说：**"向年轻人学习。学他们的语言，学他们的思想，学他们的习惯，以及他们生活中的各个方面。"**

出去旅游，我选择年轻的群体。有朋友说出了心里话："我不是不想跟他们一起玩儿，我怕年轻人嫌弃。"事实并非如此。

有一次去库布齐沙漠，中间补给休息的时候，我莫名其妙地就跟队伍走散了。心想：小小库布齐沙漠还能走丢了不成，便朝着自己认为的方向追赶队伍。谁知，越走越看不到人影。拿出手机联系领队，却发现，沙漠里没有信号。看着夕阳慢慢西下，心里开始着急发慌。该朝哪个方向走呢？原地打转转，就是分辨不清方向。这时，看到远处有两束灯光在闪烁，远远地能听到摩托

车的引擎声。我朝着他们连蹦带跳、大喊大叫。可是，他们没有一点点反应，我眼睁睁地看着那两束灯光又慢慢远去。

天色暗淡下来，风也越来越大。心想：坏了，难不成今晚要滞留在这沙漠？万一狂风大作，我岂不是瞬间就被黄沙埋没？我是站在沙岗上安全，还是躲在沙窝里安全呢……

正在我胡思乱想、焦虑不安的时候，远远地又看见两束灯光，我一边朝着灯光跑去，一边脱下身上的红色冲锋衣，借着太阳最后一点点余晖，在空中挥舞。当我看着光圈越来越大的时候，我知道，他们看见我了。

原来这是一辆越野吉普车。从车上跳下来一个中等个子的中年汉子，他脸庞棱角分明，连脖子都被阳光晒成了古铜色，特别是额头和鼻梁子，泛着古铜色的光，显得特别健康，浓眉下一双不大的眼睛，特别明亮。不等他开口，我就急忙问好，说明自己的情况。他拿出对讲机说："你的领队肯定在找你，我搜索一下。"

他鼓捣着对讲机，一会儿抬头说几句，一会儿低头寻找信号，长长的卷发在风中飞舞，像一尊沙漠里的雕像。不大一会儿，他走过来把对讲机递给我说："是不是你的领队？"

我还没拿到机子，就听到那边领队的声音："燕姨，是燕姨吗？"

我激动地大喊:"是我,是我。"

古铜汉子说:"好了,保证把你送到。"

于是,我坐上了他的车。原来,他是中国沙漠越野队的队长,在库布齐沙漠带队集训。坐他的车,简直是太刺激了。直上直下的陡坡,说上就上,说下就下。用颠簸二字形容,都觉得是侮辱了他的车技。我这边一惊一乍,他却谈笑风生:"大姐,你座位底下有一块半风化的石头,送你,沙漠里没啥可带走的。"

我感激地说:"您太懂我了,这次经历,我想忘掉都不可能,有这块儿石头作证。"

跟我们领队会合时,领队拿出1000元钱作为答谢,古铜汉子急了:"咋啥都要钱?快走吧。"我给他深鞠了一躬说:"谢谢您,谢谢您送的石头。"

回到我们自己的车上,我已做好了被骂被埋怨的准备。上车就给大家鞠躬:"对不起大家!让大家担心了!"

没想到,几个年轻的姑娘小伙却羡慕地说:"燕姨,你这趟出来玩儿,赚大了。国家队队长送你回来,还是沙漠越野专车,您知道吗,商业越野车,15分钟100元,下次我们一定跟着您混,您走哪,我们走哪!"

我的眼睛再次湿润。多么善解人意的年轻人。我们从此成了朋友,每次出去旅游,他们都会招呼着队友:"看好燕姨,别把她丢了,咱们健身全靠燕姨呢。"

跟着年轻人一起出游，我越来越大胆，越来越疯狂，越来越自信。跟着年轻人，看沙漠孤烟直，看夕阳戈壁滩，看茫茫大草原，看珠穆朗玛峰，看千年胡杨林，看南极呆萌的小企鹅。每换一波旅友，就交一波朋友。

跟他们在一起，我知道当下正流行着什么，他们在追求着什么，他们的价值观、婚恋观、金钱观和我们有什么不同，体会他们的烦恼和不易。我们有代沟，但不是不可以逾越，我们也可以有说不完的话题。

真的，年轻人真的没有我们想象的那么不可理喻，他们通情达理，他们人间清醒，从他们身上，我学到了我们这一代人身上缺乏的美德和优点。他们有秩序、有边界、有修养。敬畏年轻人、向年轻人学习是我由衷的感想。

我们的"007行动"，是一个全球性的写作社群，走到哪里都有007的战友，且90%是年轻人。就像我们规划去南极这件事，人还没到，在智利和阿根廷的007战友们就已经翘首以盼了。007创始人覃杰，创办007时，不过30岁出头。我的007战友兼我的写书教练，就是一个"90后"小姑娘。他们身上蕴藏着巨大的能量，有时候我就好像生活在幻觉中，他们小小年龄，哪里来的阅历，哪里来的想法，竟然都在干我们想都不敢想的大事情。

想办法接近年轻人，让自己与一群最有朝气、最有力量、最有希望的人建立最密切的关系。让年轻人的蓬勃向上，激发和滋养我们的心灵。

觉察练习

你是否有自己的往年交？如果你已经40岁以上，千万不要说自己思想守旧跟不上年轻人，有机会就去结交年轻人，说不定你的忘年交已等候多时。岁月流转，真情不变。无论年龄多大，梦想和友谊都能让我们的心永远年轻。

第四节　在生和死之间，从容努力

人生除了生死，皆小事。

我 58 岁那一年，外孙女出生。我果断辞去大公司的工作，应聘到一家私教工作室，以便有更多的时间陪伴孩子。新生命的到来，给家庭带来了无限生机和喜悦。

也许是新生命带来的希望和福禄，在工作和照顾孩子之余，我笔耕不辍，在"今日头条"上日更，一时间，文笔表达有了长足的进步。看着阅读量破 10 万人次、破 100 万人次的攀升，看着读者给予文章的好评、点赞、关注，有一种身体和灵魂双重富足的感觉。

祸兮福所倚，福兮祸所伏。忧喜聚门兮，吉凶同域。就在孩子不满 8 个月的时候，丈夫突然查出了"胰头癌"，也就是癌中之王，世界范围内的 5 年存活率不足千分之五，2 年存活率不足 5%，基本属于确诊即被判"死刑"。这突如其来的打击，让全家人瞬间陷入了一片混乱之中。看着女儿哭红的双眼，看着女婿疲惫不堪的身影，看着丈夫伸长脖子盯着每一个人的求生欲望，再看看襁褓中的婴儿，我该怎么办？

我当即彻底辞去了工作，全身心回归家庭。告诉孩子们，咱们要明确分工，按部就班，不打乱仗。女婿正常上班，保证一家人的生活需求。女儿主要精力放在孩子身上，之前不会做和做不了的事情，都要自己想办法去面对，还要抽出精力处理病人的治疗费用问题，因为女儿当时是一名高级理财师，关于钱的规划就是她的专业。而我的主要精力放在照顾病人身上，兼顾照应女儿和外孙女的生活。病人本人要负责自己的治疗方案问题，负责跟医生沟通，因为我太了解自己的丈夫了，他的学习力极强，就像医院院长跟实习生们说的那样："你们学了几年的理论知识，不及病人一个月自学的知识扎实。"

我跟我丈夫说："生命掌握在你自己手里，是你对自己最好的交代，也是我们对你最大的尊重。前提条件是，你不用考虑费用，我们倾其所有，走到哪步算哪步，不能把生的机会留到没有希望的时候。"

工作可以理性去分配，但是情感却不受理性支配，时事也不受人的支配。恰逢这个时候，新冠肺炎形势加剧。

女儿接受不了这残酷的现实，一度情绪失控，精神崩溃。这个时候，我要做的就是一边看护外孙女，一边照顾病人，焦头烂额。女婿则既要工作，又要一遍又一遍地抚慰自己的媳妇，忙得团团转。大概经过了半年时间，疫情还在继续疯狂地肆虐，人们从最初的恐慌，到接受和习惯了管控，女儿也慢慢走出了情绪低谷，接受了现实，生活步入正轨。

丈夫的手术也很成功，开始接受放化疗，这是难得的一段相对平静的日子。他看我每晚夜深人静的时候，捧着手机在忙乎，就说："我看到你写的文章了，能赚多少钱？"

我骗他这个财迷说："我的文章，平均一个字大概一块钱，你以为我瞎忙啥呢。"

他羡慕地说："我媳妇现在赶上时髦嘞。"

其实，我的文章从没有变现过一分钱。但我知道这个美丽的谎言，不但会给他带来生的希望，同时，也会给自己赢得更多的学习时间，更加坚定学习个人品牌，学习自媒体的信心。

当时的环境下，各行各业都遭受重创，唯独网络经济不受冲击，反而逆流而上，风生水起。我隐约感觉到，这是一个大的机会，谁能抓住这个机会，谁就能冲上风口。

至于具体怎么一步一步落实去做，还没有方法。我只能抓紧时间储备自己，今后有没有机会不知道，什么时候有机会也不知道，但做好准备总是正确的。

我们"007行动"有句话说得好：**"机会从来就没有给只准备的人，而是给行动的人准备的。"**

我抓紧点滴时间，如饥似渴地学习。眼睛紧盯着线上的健身板块，发现"李欣普拉提""熊霞瑜伽""刘畊宏健身操"在如火如荼地发展，他们一节课的观看量超过十万人次、百万人次。看到这些振奋人心的数字，总想着自己的机会在哪里。

但是，家庭的现状，我又不得不一次次放下手机去面对现实。说来奇怪，事态看起来很撕裂，但我内心很笃定。不管是白天还是夜晚，只要有时间，拿起手机立马就能进入学习状态，放下手机瞬间就能进入照顾病人的角色。

有一天夜里二三点钟左右，我发了一个动态，突然看见有人秒评论，原来是我的私教会员，她问："教练，这么晚了还在工作？"

我回复她："只有这个时间，是我自己可以支配的时间。"

她回复我说："我懂。"

就是在这种情况下，我坚持学习，关注健身领域的动态。这也要感谢我的孩子们，让我不为钱发愁。虽然照顾病人身体特别累，但我心里没有太大的经济压力。

我也很感谢我的丈夫，他一改往日原生家庭的老小、一切都是应当应分的心态，在最需要临终关怀的时候，从不对我提什么过分的要求。我更敬佩他对待死亡的态度和担当，他很渴望活下来，但他不恐惧。

他也一改往日的坏脾气，情绪始终平稳不躁，还反过来劝导我："半年的活头，我撑了快两年，知足了。"

直到他去世前夕，还不忘嘱咐我，今后要多写文章，帮孩子们尽早还上他生病欠下的饥荒。

感恩我的至亲们，让我在生死之交，从容面对，有心情去利用一切可以利用的时间，学习自己关注的东西，让我没有放弃，没有掉队。

还有什么比生死更重要的事情呢？我们的新生命没有被忽视，得到了周到的照顾，健康成长；走向生命的终结者，也在他的同学、同事、朋友的注视下，有尊严且安详地离去。

虽然在这期间，我和女儿都被熬得焦虑抑郁、精神极差。但我还见缝插针地保持着学习的状态。特别的三年，我们经历了生死的考验。我们心怀希望，拥抱信心。

觉察练习

你的家庭是否遇到过这样的处境？你们是如何处理的？

一个家庭，一定要有一个能稳定人心、掌控大局的人，遇事冷静，有条不紊，这个人不是别人，就是你自己。给别人信心，成为家人的依靠。平日里要有意识地培养自己的能力，关键时候能顶得上去。

再者，无论在什么情况下，知识积累是一定不可放弃的，它是你的希望，等机会来临的时候，你就不会是那个埋怨自己命运不济的人。

第五节　开拍短视频，拥抱自媒体

什么改变了你，你就用什么去改变世界；你用什么救赎他人，就用什么来救赎自己。

那段特殊的日子，三天一核酸，出行靠绿码。感觉自己精神状态还不错，学习生活一切正常。但是，身体状态却出现了问题。肌肉萎缩、皮肤松垂、腰围增粗，体重持续走低，且莫名其妙的心率失常、头晕目眩。

看着自己走形的身材，心想，可能是这几年缺乏锻炼的结果。于是，我就给自己办了一张健身卡，但健身卡我却一次都没有使用过。

我心想，这是怎么了？我明明知道只有运动能帮助自己走出亚健康状态，恢复体形，可是，怎么就不爱动了呢？于是，我就给自己请了一位私人教练。想通过教练逼自己一把，想通过花钱让自己有动起来的压力。即便如此，我还是没有上过一节课。

我曾不止一次地跟同事说过：今生最大的愿望，就是给自己请一位私人教练。你们都等着，肯定会请你们当教练的。

可是，真的请了教练，却又动不起来。就像一个溺水者，想拼命地抓住这根救命稻草，可是身体却不由自主地往下沉，很绝望，每天被这种无助和窒息折磨得痛苦至极。

很快，医院的诊断证明就摆在了我的面前，各项指标都指向了重度抑郁那个红色的区域。

这怎么可能？我的生命词典里，从来就没有"抑郁"二字。一直以来，我都在教育别人，如何通过锻炼获取"内啡肽"，远离"抑郁"情绪。而今的诊断，却给自己画上了红线。不得不承认，家庭的重大变故，即便是硬撑，还是给身体留下了很深的伤害。表面的轻松，却被身体的不争气暴露得一览无余。

怎么办？沉沦下去，这个家就完了。依靠药物？这是我这个健身教练所不能接受的，因为在我的成长体系内，精神问题都是可以通过运动来解决的。心理咨询吗？我的性格绝不允许自己在外人面前哭哭啼啼，悲悲切切，絮絮叨叨。

我了解自己的"弱点"，那就是面子比生命更重要。你可以鄙视我傻、我丑、我老，但你不可以小看我的责任心，不能怀疑我的专业和诚信。

我意识到，只有利用这致命的"弱点"，才能把自己从抑郁的泥潭中解救出来。既然靠别人的帮助不奏效，那就用助人来助己吧。再次做教练，带别人练，自己才能被动地练起来。只有运动起来，才能彻底走出困境。

别无选择,这是我的宿命。

只是这一次,我想换一种方式。像刘畊宏、李欣、熊霞他们那样,做线上教学。

从不懂个人品牌,到创建"燕子教练""健身教练燕子"个人品牌,再到创建"健身教练老燕子"个人品牌,我一步一步优化,凸显个性。

广告语,从"胖子变瘦子,就找老燕子",到"62岁老燕子,居家练肌肉",一步一步将客户人群精准化。

从学习写文案,到克服心理障碍真人出镜拍视频,再到学习剪辑制作短视频,发往各大平台积累粉丝,扩大个人影响力,这条路我走得很慢,也走得很艰难。因为,60多岁的年龄,面对智能世界,内心是胆怯的,可以用战战兢兢来形容。

现在很多网络用语,看着是汉字,但却不理解它的意思,原本可以按照提示一步一步操作的事情,因为不理解不敢操作,学起来感觉特别难、特别慢。用年轻人的话说:"我们是两个星球的人,各自生活在自己的思维方式里,老人们对新语境完全听不懂,教他们操作手机太费劲。"

仅仅是学得慢还能接受,慢慢琢磨,能学到哪就学到哪,能学到什么程度就学到什么程度。但录视频就不一样了,操作问题解决了,录制内容解决了,定位解决了,但是,谁来出镜体现这些主题呢?让学员出镜吗,不仅有肖像权问题，而且别人是否有时间也是个问题。试了很多次，断断续续的一个月录不了几条视频。

自己出镜吗？真没有这个自信。首先，教练的好身材自己还不具备；其次，这张老脸实在不敢见人。就这样纠结着、撕扯着，变得更焦虑了。难道要等到练出好身材才能开始吗？难道为了出镜要去做整容手术吗？难道因为外形不到位就放弃吗？

想起第一次当教练时老板说的那句话：**"站在领操台上，让学员们看着你一天天是怎么瘦下来的。"**这句话反反复复地萦绕在脑海。

于是，我不断地和自己对话，问自己：为什么不可以？你在怕什么？你不是已经把"健身教练燕子"改成了"健身教练老燕子"了吗，为什么内心还不接受自己的衰老呢？既然能接受自己的衰老，那为什么不以老年人的姿态展示自己呢？一个老年人，通过健身，让粉丝们看着你的变化，这不也是一种激励大家的好方式吗？

想明白这些道理，心里似乎轻松了很多。当第一次把自己真人出镜录制的视频发出后，我知道，这个坎儿，跨过去了。

学会接受自己的不完美，学会带着自己的不足一起行动，一起面对未来的世界。

觉察练习

　　生活中，你是否有如下体会？看着别人轻松自如地做一件事，以为这件事很简单。真正等到自己上手去做的时候才发现好难。因此，任何一个看似简单的成功事情背后，都有不为人知的努力。没有人能随随便便成功，放下傲慢，接受笨拙，我们就能更好地开始。

第七章　勇闯线上：打开人生新篇章

第一节　利他利己就开始行动，过度犹豫误时机

利他思维不仅能够让自己成长和成功，也能为社会作出更多的积极贡献。快乐不仅仅是自己快乐，也是看到他人快乐。让他人感到温暖，自己也会变得温暖。我坚信帮助他人，就是帮助自己。

2023 年是世界大变革的一年，2024 年是中国人腾飞的转运年。互联网智能时代是大势所趋，老龄化时代已经到来。若想成事，需顺势而为。

老年人最了解老年人，我知道他们的痛点，理解他们的需求，明白他们的卡点。如果做他们的健身教练，无疑具备天然的年龄优势，如果再让自己的身材"炸街"，那一定说服力爆棚。

判断一件事能不能做，一要看是否利己，二要看是

否利他，带领中老年人健身这件事，无疑是利己又利他的事情。"007行动"有两句话说得好：只利己没朋友，只利他不长久。一个人走得快，一群人走得远。

之前写文案，拍短视频，帮助了很多人，但大多数中老年人的特点是不习惯看文案锻炼的。而短视频又是碎片知识，不系统，也不全面。要想真正满足中老年人的需求，唯一有效且直接的方式就是开直播。因为，他们不爱练，需要有人带领，才有信心坚持下来；他们不敢练，怕不得要领练伤了身体；他们不会练，不知道什么运动更适合自己。

开直播，带领大家居家练肌肉，既能帮助中老年人解决困惑，如他们的肌肉萎缩问题，又能帮助自己走出抑郁的困境和改善身材。

拍短视频，已经在很大程度上帮助我克服了真人出镜的心理障碍，但开直播，毕竟不同于拍短视频。拍视频可以选最佳角度，不合适的地方可以剪掉重拍。而直播是现场360度无死角地展示自己的身材、展示自己的语言表达能力、现场应对能力，多多少少我心理上还是有点发怵的。

我做好了最坏打算，直播质量不高，无非是直播间没有人，那又怎样，我自己首先动起来了，这就足够了。至于什么黑粉、网络喷子，那又算得了什么，既然敢做就不怕他们黑，既然敢出镜走到大众面前，就敢接受所有的结果。就像当年和小朋友一起学拼音，我接受别人的异样眼光；就像当年我应聘教练，我接受别人的不友好质疑。况且，这又不是做什么见不得人的坏事，服务大众，拯救自己，我觉得没有错。活到60岁了，这个道理我还是能想明白的。

女儿却说："你一没资金，二没场地，拿什么干？"条件不具备是现实问题，我只能从居住面积不到60平方米的一居室下手。所有家具都换成折叠的，打开可以生活，收起可以工作。

一堵墙的窗帘后面是镜子。拉开窗帘是工作室，合上就是客厅兼卧室。地面铺着健身房专用的黑色塑胶地板，墙根摆放着大小不同、颜色不同的健身小器材。壁挂式综合健身器械，让小房间有了一点专业的健身氛围。还有阳台上的花花草草，是休闲聊天的好地方。

女儿看我动真格了，说道："你真要带着老年人练肌肉？那就要做好当先烈的准备。"

她又说："你是健美操教练，跳自己的原创操是你的强项，可以跟刘畊宏比高低。"

我不慌不忙地回答："我也是60多岁的人了，肌肉也在丢失，膝盖已经承受不了跳操的压力。人体衰老的罪魁祸首，就是肌肉萎缩，我也一样。我做的是公益直播，怎么会成为先烈呢？有人跟练，我就做下去，没人跟练，我自己也会练得一个好身体，又不损失什么。"

其实，我在想，线下私教，一小时只能带一个学员。直播间只要有一个人跟练，就值得做；如果能带两个人，那这一小时的价值，不就放大了一倍吗？所以，于我而言，根本不存在先烈的问题。我成功的标准就是，每天在直播间能带领10个人锻炼，把线下教学的价值，在线上放大10倍，也是一个很了不起的事情。

外孙女终于上幼儿园了，我按下了手机的直播键。不懂得什么光线的明暗、声卡的应用，更不懂直播间的装饰，穿着好几年前的工作服，就开播了。

第一天，屏幕那头有没有人，我不知道。因为，当时还没学会在哪儿看数据。眼睛只盯着屏幕上的自己，心想：屏幕那边有多少人不重要，重要的是，终于开始了行动。

慢慢地，直播间有了一些粉丝。她们指点我如何操作，告诉我平台的规则。007老大覃杰告诉我：一天播两场，停两天效果不好。你固定在一个时间段，天天播，这样粉丝才容易跟进，才有黏性。我听话照做，直播时间固定在每天早上6~8点，效果果然不错。

还有平台专家建议说："直播间要不断跟粉丝互动，讲究现场直播效果。"乍一听很有道理，但静下心来想，不太适合自己。一是健身主播，主打的是"健身效果"，如果带练5分钟，互动10分钟，训练效果无从谈起；二是我眼睛花得厉害，不戴老花镜，根本看不清粉丝的问题，互动起来非常费时费力。

于是，我决定按照自己的节奏来直播。用一小时专心带练，不看屏幕，不互动，专心致志地边练边讲解动作要领，非常专注。然后训练结束了，再用一小时专心答疑。这样做，可能会引起新粉的误会，以为是放的录像，平台的数据也不会太好看。但是，我要的是回头客、铁杆粉。我坚信，粉丝只要在我直播间能坚持跟练1个月，身体肯定会有不同程度的变化。留下她们的，一定是她们身体上的收获，而不是直播形式。果然，这一点被事实证明。她们说："教练是直播界的一股清流。"

有句话说得好：**"起步姿势再难看，也要行动开始干。"** 在干的过程中，小步迭代，持续精进。

在我开播三个月的时候，有粉丝问："教练，您就只有这么多内容吗？我们想进一步提高该怎么办呢？"

这个问题大大地伤了我的自尊心。我问自己：一个30多年的老教练，竟然拿不出更多的东西分享给大家，你是不是连自己这一关都过不去？

然而，早直播的内容，虽然每天动作不多，但已经安排得很满了。怎么呈现更多的内容呢？

这时候，一个大胆的想法冒了出来，那就是，制作自己的原创课程。结合自己原创健美操的底子，我把肌肉的抗阻训练动作，组合成一个系统的课程。一开始，我制作完成了一个30分钟左右的小课。当我把课程发给粉丝朋友的时候，才发现根本发不出去。因为是高清视频，文件占内存太大，系统不支持。如果降低像素，粉丝接收到也看不清楚，严重影响粉丝的体验。在一筹莫展的时候，又想到一个更重要的问题：这种个人对个人的转发，对原创知识产权的保护，会成为今后发展的一个很大隐患。

这时候，我突然想到，自己购买了那么多的线上课程，老师们都是通过什么渠道完成课程的制作和售卖的呢？

联系老师后才知道，大家都是通过一个叫"小鹅通"的平台，来帮助自己完成课程制作的。并且，"小鹅通"和多家大的社交平台都是合作关系，如"抖音""视频号"，等等，可以把制作出来的课程，直接挂在这些大平台的购物车上售卖，至此，我又学到了一点。

巧合的是，我的粉丝朋友也在制作线上课程，当然，她是别的领域。她教了我很多方法和规则，并推荐了她自己制作课程的老师，于是，就有了接下来课程制作的动作。

从阳春三月到寒冷的十二月，十个月的时间，我逐步完成了十个训练营的系统课程的制作。回眸过往，我感叹互联网强大的威力，激发出了我的创作力，放在过去，我真不敢想象，凭一己之力，我竟然制作出了两套系统课程。

因为是和平台合作完成的课程，成本不低，所以，课程会收取一定的费用。开始我还担心这些课程能不能得到粉丝们的认可和接受。没想到，在没有做什么宣传的情况下，粉丝们却用真金白银支持了我。她们说："跟您训练，心里踏实，不怕练伤。"

看到这儿你可能会说，你早上的免费直播，不就是为了获取流量，实现卖课的目的吗？其实，你只说对了一半。

因为，我开始并没有想那么多，60多岁的人也不敢去想太多。虽然也有过线上轻创业赚钱养自己的念头，但是此时还不敢有太多的奢望，而这条路能走到哪里也不知道，因为对互联网还不太了解。走到这一步，完全是顺应粉丝的需求走出来的。

但是，我还要说，如果直播间仅仅是为了获取流量，没有专业、真诚的付出，粉丝哪里有收获？没有收获，哪里来的信任？没有信任，哪能有真金白银的支持？没有粉丝的支持，获取再多的流量，又有什么意义呢？

永远记住，越是免费的东西，越要真心付出，马虎不得。至于付出以后的回报，看天意，做好自己能做到的就好了。但行好事，莫问前程。

没有行动，我永远不知道自己的潜能有多大。30年的积累，通过互联网得以展示。健身教学的价值，通过互联网得以放大。无疑，我是幸福的。

我把一生的热爱变成了事业，不仅让自己从"重度抑郁"里走出来，身体健康了，身材变好了，而且通过互联网全平台积累了60万粉丝。虽然在整个自媒体界，这点粉丝量级不值一提，但是，我的初衷已经实现，让自己不仅收获了精神的财富，还收获了意想不到的物质财富，养老问题在经济层面靠自己就可以实现。

之前想出去旅游，厚着脸让女儿赞助。而现在，2025年去南极的20万元的费用我完全有能力自己支付，我心里别提有多自豪了。虽然没有什么"泼天的富贵"，但内心的自恰顺遂，不正是我们每个普通百姓要追求的吗？

觉察练习

你有自己的爱好吗？结合本节内容，想想怎样才能把自己的爱好变成财富。

把你的爱好和他人的需求深度结合，比如你擅长拍照，可以试着帮他人拍出高质量的照片；你喜欢写作，可以帮他人代写个人品牌故事等。敢于开始，先完成再完美。倾听用户需求，根据需求不断迭代自己的产品，小步快跑。利用自媒体展现自己，放大个人优势，通过公益课里专业、真诚的付出，赢得更多客户的信赖。

第二节　不会表达没关系，真诚和专业为王

很多人想开直播，但苦于不会说话，不敢表达。

我强烈建议你先从短视频做起。现成的文案，照着念，哪怕是念一句，拍一句，只要你行动起来，你就会在行动中找到努力的方向。视频录完了，你要不要学剪辑？学字幕调整，学音乐配置？你要不要学上传视频？慢慢地，你不就走下去了吗？我就是这么做的。不同的是，我是自己写的文案。

刚开始录短视频时，我的表情不自然，眼睛不知道看哪里，情绪把控不住，不是太张扬，就是太做作，说话磕磕绊绊，嗯嗯啊啊。难道要放弃吗？不行，开弓没有回头箭。发现问题，及时改进，反复录制，多花点时间，实在受不了了，就休息两天，调整一下心态，然后再来。有时候，一条一分钟的短视频，要反复录几十遍，耗时一整天。

练得多了表达就自然了。这个时候，可以试着自己写文案。把别人的好文案，换种说法变成自己的。别人的格式，别人的金句，加上自己的观点，一篇完美的文案就出炉了。多练笔，就像健身，任何一个小技巧的获

得，都是刻意练习的结果。世上不劳而获的事情，除了身体的衰老，就是人生的落幕。

一个人生命质量的高低，区别就在于你有没有做反人性事情的能力。**克服懒惰是第一位的，人往往输在惰性上。**如果你在短视频上表现自如，那么你离顺利直播的状态就不远了。

开直播、做博主，还有一个很重要的点就是足够真诚，人设不倒。

想长久地做下去，首先要懂平台的规则，不说违规的话，不做违规的事，不被平台禁播封号。这一点看似容易，但做起来未必。你以为你了解了，不会去触碰规则。但很多时候，你说话的习惯，会出卖你，你自以为的合规行为却被判罚违规。被处罚不可怕，学会复盘找原因，努力改掉自己的某些习惯，努力配合平台的要求，你的直播才能平安长久地做下去。我经常说的一句话：**健身放在首位的是运动安全，其次才是健身效果；直播放在首位的是平台安全，其次才是流量的获取。**

想长久地做下去，你的人设不能倒。要想人设不倒，你就必须做任何事都是真诚的、真实的、真心的。

在直播间，有人说我不像女人，说话不温柔；有人说我情商不高，说话直来直去；有人说我像邻家大嫂，说话土得掉渣。不管大家怎么评价，但有一点是得到大家一致认可的，那就是真实不假、善良随性、话糙理不糙。

大家知道，人的秉性是很难改掉的，我尝试过改一改自己的说话方式，想让自己变得温柔一点，侃侃而谈，娓娓道来。可是一个不留神，就又回到了"机关枪"模式，原形毕露了。索性真情呈现，关掉美颜，露出白发，实话实说，不端不装。时间长了，便形成了自己独特的沟通风格。

有一家媒体对我的报道，标题就是"每天早上有上千人等在直播间被她怼"。虽然有点标题党，但也说明了，说话技巧不是最重要的，你只要足够真诚，依然能赢得粉丝的接受和爱戴。

永远记住，只吸引同频的人，喜欢你的人，不管你怎么说他都会喜欢；不喜欢你的人，不管你怎么谄媚都留不住。所以，直播间里无须讨好谁。能留下来的，都是跟你有缘的铁粉。

我自嘲不会说话，但我足够真诚。我喜欢直来直去，开得起玩笑，说得出秘密，不隐藏自己。我喜欢简简单单、坦坦荡荡，做得不好，当面指出，哪里不对，如实相告。不伤害每一个简单善良的朋友，不辜负每一份真心实意的感情。

想长久地做下去，你更要足够专业。**说话技巧若不够，就用专业来补凑，你总要有一样是拿得出手的。**健身教练所要具备的专业，也是我开直播最有底气的地方。

想想看，一个其貌不扬的老太太，拿什么来影响他人。你若不能为他人提供价值，无论是健身价值还是情绪价值，那别人又为什么要守候在你的直播间浪费时间呢。所以，我们做内容博主的，不用身怀绝技，但起码有值得他人跟随的本领，否则，很难做长久。

你可能会说，做内容主播这么难，为啥不选择带货主播。你以为带货主播就很好做吗？带货主播的颜值、说话技巧，要求更高一筹。世上除了你父母给的，没有哪碗饭是容易吃到的。

而且，我自己活到 60 多岁的年纪，也没有必要再去迎合什么人了，做真实的自己就好。

想想看，自己的优势在哪里，把它发扬光大。自己的劣势在哪里，坦诚接受它，公之于众。世上无完人，带着自己的缺点，迎接新的挑战。

觉察练习

当你想做一件事的时候，不必万事俱备再开启行动。你可以试试先行动起来，从你能做到的那一步开始，你会发现，做着做着就有了新思路，做着做着就有了新方法。就像我学写作，写着写着就有了写书的想法，并付诸行动了。

第三节　没有练不好的身材，"养成系"博主的诞生

2024年的春节贺岁片《热辣滚烫》，可谓掀起了一阵狂潮。贾玲自导自演成功减重50公斤，引起观众的极大好奇心。80%的观众看这部电影，都是去目睹贾玲是如何从100多公斤变成50多公斤这个过程的。所以，很多人给《热辣滚烫》冠以减肥励志片。

2022年10月10日，对我来说是个特殊的日子。因为，那是我第一天开直播的日子，从那一天开始，我经历了《热辣滚烫》中贾玲同样的过程。让大家见证自己一天天的变化，跟粉丝们一起，一天一天地变美。

我心里一直有一个执念就是，"健身教练的身材必须好，不然没有说服力"。看着别的健身博主，无论男女，个个青春洋溢，身材健美。在他们身上你能看到，身材到位，衣服只是点缀；比例到位，穿啥都是顶配。反观自己的身材，却感到自卑。

还好，我骨子里的犟劲让我由不得自卑，既然决定要做的事情，就不可能轻易放弃。我经常跟会员说：想练就没有理由，若怕练不成，那你还是不想练。同理，

想做自媒体就立马开始，怕这怕那，说明你还有退路。

2022年，一个月2000千多元的退休金，若在北京生活就得完全依靠女儿，这是我自己绝对不能接受的事情，与其让女儿养活，宁可让自己消失。况且，自己还有那么多的诗和远方没有实现。所以，通过线上教学寻找出路，是当时最好的选择。更何况，我还要迫切地拯救自己于重度抑郁之中。

这条路能走多远，不知道；能不能走通，不知道；能不能养活自己，不知道。但是，唯有一点是肯定的，那就是自救，至于别的，不尝试怎么知道结果。看到风口并努力地去尝试，哪怕失败，哪怕粉身碎骨，起码落得个此生无悔。人生最后悔的事情莫过于，看到机会，又眼睁睁地看着机会溜走。

开播一年左右的时间，难听话没少听，像什么：

"62岁的人，看上去像82岁。"

"什么老教练，她就是老。"

"肌肉没看见，拜拜肉太大。"

很多粉丝朋友建议我开美颜、染头发、化个妆，我说："没关系，我全盘接受。只要皱纹不长进心里，我就不会老。给我一年时间，这些声音自然会消失，我有信心，请大家监督。"

万事就怕坚持，万事就怕认真。当你认真地去坚持做一件事的时候，这件事你肯定干得漂亮。我不但精气神大变，身材也如神助一般，紧致、匀称，比我年轻时候还要好。我直播不开美颜，以至于每次线下见面会，粉丝们都惊讶我的身材比直播时呈现的身材还要好，我的精神状态比直播时的精神状态还要饱满。表里如一，我要的就是这个效果。

我想，这大概就是命运赋予我的使命吧。能在这样的年龄，拥有这样好的身材，把积累了几十年的知识和技能制作成课程，系统地呈现出来，并得到大家的接受和认可，我终于把自己活成了自己喜欢的样子。

我有个铁杆粉丝，体重超100公斤。我鼓励她开短视频，记录自己的减肥过程。每天的锻炼内容、每天的饮食安排、每天的体重变化，都会成为大家关注的焦点。她短视频的主题就是"110公斤的胖姐减肥记"，引起了很好的社会反响。在她短视频的留言区里，大家积极热烈地讨论，她自己也越来越有信心，经过一年左右的时间，她成功减肥35公斤。她的短视频，也为我引流了很多粉丝，我们互相成就。

老子说："**有道无术，术尚可求。有术无道，则止于术。**"

无论做任何事情，明确大方向是一件很关键的事情。所谓，方向正确，越努力越接近目标；方向不对，越努力越背道而驰。

具备了开直播这个道，其他的直播技巧这些事，只需一个一个去学习，把简单的术发挥到极致，道的价值便自然得以实现。

> **觉察练习**
>
> 你是不是还在为身材而焦虑？健身吧，立马行动起来，且持续行动，你终将收获好身材，同时你还能收获自信和乐观。
>
> 你是不是已经明确了人生的大方向，但还不知道怎么一步一步地落地？那就为实现你的人生方向，具体地学习一个一个新技能，不要怕麻烦，更不要怕慢，努力一步，离目标的实现就近一步。99%的成功人士都是这么过来的。

第四节　直播公式不用套，彰显个性最重要

今天的直播电商，势如破竹，迅猛发展。直播也是一种全新的内容承载体、内容生成器。所以，**直播的本质就是内容，优质而稀缺的内容是直播的生命线，是直播得以长久发展的关键。**

就像董宇辉带货农产品，他赋予了农产品深刻的文化内涵。

带货大米时，他这样说："皑皑白雪、田间微风、沉甸甸的谷穗。"

带货玉米时，他这样说："嘴里头那一口玉米，淡淡的回甘味，扑鼻的香，你无忧无虑得像个孩子。"

带货图书时，他这样说："世界的精彩，不能别人代为体验，你要做好准备，亲自去看。"

有意境有画面，让人心之向往。他跳出了产品本身，从文化层面与客户共情，让产品有了更大的价值，让客户有了被认同的受尊重感。可以说，董宇辉通过优质的内容输出，把直播带货做出了满满的高级感，做到了难以被模仿、难以被超越的境界。

带货主播如此，内容主播更是如此。就像新商业架

构师张琦老师，2022年5月，因发布"共和国四个儿子"短视频迅速爆火。她不断更新视频内容，她干练的风格，吸引了大量的粉丝。她在企业教育行业耕耘18年，厚积薄发，赢得了大家的尊重和喜爱。她真实、率性、纯粹且坚定。她说："要用时间的复利去做难而正确的事。"

带货也好，内容输出也罢，最终都是为客户提供情绪价值。在我的直播间，前一小时带大家锻炼身体，不与粉丝互动，看似提供的是健身价值和健美价值，其实也是另一种形式的情绪满足。因为，健康有了，身材美了，自信就有了，长期快乐的高质量生活就有了。我所做的恰恰满足了这一点。

闷头练一小时，干货满满，也更容易吸引客户，留住客户。因为这一小时，客户有实实在在的身体上的收获，直播黏性会更好，而不是急于求成，边练边销售，边练边关注平台数字，为了留住粉丝，卖关子、兜圈子、绕弯子，不能全心全意去做一件事，浪费大家的时间，反而欲速则不达，而这又是很多直播间的常态。

其后的一个小时与粉丝互动，观众的情感价值又得到了极大满足。因为我们都是中老年人，沟通成本很低。有话直说，干脆利落不矫情。有人问："6点太早，能不能6点30开始？"

我简明扼要两个字："不能。"再多说两句就是："能起来就练，起不来就下单看回放，不迁就任何人。"

还有人问："跟你练能有效果吗？"

我一句话搞定："练就完了，废什么话。"

对提问者来说，这样沟通简单明了，互不耽误。对听话者来说，就是一个字：爽；两个字：痛快；三个字：有个性。

我深知中老年女性，大部分人生活得很压抑，很想挣脱传统观念的束缚，但又没有胆量和方法。看到一个跟自己年龄相仿，或许还大她们一轮的人，如此洒脱自在，毫无顾忌的生活态度，仿佛在替她们解压。同时，也会成为她们羡慕和效仿的对象。或许这也是为她们提供独特情绪价值的方式。

很多人认为，直播间要保持良好的形象和态度，让观众觉得你是一个有品位、有魅力的主播。**我想，最好的形象和态度，不是妆容，不是美颜，不是和声细语，而是一个人的精气神，一个人的好身材，一个人的敬业态度。**

当你精力旺盛，浑身上下充满正能量，简单率真，这样的人谁不欢迎？我个人的魅力就在我们的口号里："**相伴再练 30 年。**"这是一种长期主义的精神，这是一种相互裹挟的力量。

最后，要考虑的就是定期更新直播内容，以吸引更多的粉丝，且让大家感觉自己是一个有眼光的人，认准你是一件有价值且最正确的事情。这些工作都做足了,剩下的,就交给时间,顺其自然,命运皆在你的修为之中。

直播间敢于彰显个性的主播,是要有一定的真才实学的。因为,互联网已经走到内容为王的时代,好内容以及干货的持续输出,才是你敢于彰显个性的底气。

觉察练习

有人说,创新好难。其实,你鲜明个性的彰显就是创新。你跟头部主播相比,每一个小小的不同就是创新。比如,直播场景的不同,出场顺序的不同,表达方式的不同,这些都是创新,无须照搬公式。

第五节　莽撞开局，出书是给南极之行的献礼

王阳明的《传习录》中有这样一句话："路歧之险夷，必待身亲履历而后知。"就是说，只有去做才能体验到真实的情况，有了反馈才能不断地修正。

《海上钢琴师》中有这样一句话：**"阻止我脚步的，并不是我所看见的东西，而是我所无法看见的东西。"**

生活中，很多人在机会面前反复斟酌，害怕失败，纠结会不会有结果。因为有很多的不确定性，所以行动上不会全力以赴，只对于那些确定了的事情有所行动，万事追求完美。而现实却是，那些早早行动起来的人，早已进入了迭代模式，问题在行动中被一个个地解决了。

我喜欢脱不花的一段话：**"人生总有很多左右为难的事，如果你在做与不做之间纠结，那么，不要反复推演，立即去做。莽撞的人反而更容易赢。"**

因为我就是那个莽撞的人。想做的事马上做，不在意别人的评价，不奢求事事做对，不妄想人人喜欢，不怕"被人讨厌"，我自嘲，我自黑，无所顾忌，莽撞向前。

就像写这本书，从有这个想法，到决定去做，几乎是在瞬间完成的。我们007的"南极新书发布会"让我当时冲动表态：写一本书，和大家一起去南极发布。当时心想：不会写文学类的东西，写一本健身手册总是可以的，我认为这类专业书不需要太好的文采，就这么贸然承诺了。不承想，自己的这一鲁莽行为，竟然促成了原本不可能的一本书的完成。

有次下播后，007的战友联系我，问我要不要请一位写书陪跑教练，帮助我完成这个夙愿，我毫不犹豫地交了定金，告诉她，年底忙完就开始，计划一年时间完成。

年底我们的第一次沟通，让我认识到，写书这件事，不是我想得那么简单。首先是定位自己的读者群；其次是选主题；最后才是写。

我问教练："我能写什么呢？"

她说："我听过一些你的故事，很吸引人，写你的经历，女性成长类的书。因为现在正赶上中国人说的'离火运''中女时代'。"

我说："我的粉丝最想看的，还是我的健身干货啊。"

教练答道："可以把你的健身常识融入你的成长经历中，再给出一些健身方法，生活小妙招，成长小锦囊。这样，既有你的故事，又有健身干货，会更有吸引力。要知道，人都是爱看故事的。"

就这样,在我完全不具备写书能力的前提下,我们达成了共识。只因为我要兑现在覃杰直播间的承诺。答应的事情,克服一切障碍也要势必达成。

也正是因为身上有这股子莽劲,让我在写作的路上,逼着自己,跳着脚地往上拔高自己。从最开始写出来的东西,让教练无从下手去修改,到慢慢地找到感觉,掌握调性,越写越顺手。

经历过的人都懂得,不要等到"万事俱备"才开始行动,用迭代思维,凡事先开局,然后从完成再到完美。拥有翻篇的能力,具备重新开始的勇气,才会让人生有更多的体验。

觉察练习

有行动力的人,有愿力的人往往赢的机会比较多。这听起来是不是有点不公平,但事实就是这么扎心。做个势必达成有愿力的行动派,你的人生真的会不一样。

第八章　知识博主：搭建线上百万商业模式

第一节　5种方式，从线上到线下引流变现

做生意，做宣传，哪里人多去哪里。相比之下，线上流量远远超过线下实体店流量，毋庸置疑。

在线上，人人都是自媒体，人人都是销售员，人人都可转介绍。个人价值瞬间明确，与粉丝信任快速建立，营销活动简单明了。

很多人都在做短视频，有的人靠短视频赚得盆满钵满，有人却觉得短视频变现难于上青天。就像我从2020年7月开通视频号，到2022年10月开直播以来，这二年多的时间，我没有变现一分钱。我也好奇别人都是怎么变现的。在没有变现之前，有一点我是可以肯定的，那就是不管是短视频还是直播，"内容为王"是铁律。

第一是明确自己的粉丝画像。你的内容是给孩子们看的，还是给孩子家长看的；是以女性为主题，还是男

女通吃；是想赚老年人的钱还是想赚年轻人的钱。然后根据自己的特长和技能，比如画画、跳舞、唱歌、健身、制作 ppt、照相、穿搭、收纳、装修、汽车保养等，再结合自己选择的用户群体，有针对性地持续创作、优化自己的内容，提升观看率，这样有助于增加粉丝数量和关注度，从而为变现创造更多机会。最后与粉丝保持良好的互动，及时回应评论和问题，增加粉丝的信任感和忠诚度，有利于提高变现效果。

我的目标用户始终以中老年女性为主，为她们提供健身视频。她们适合什么运动，她们的运动卡点在哪里，怎样满足她们的情绪价值等，都是我一直体现在视频中的内容。虽然在开直播前，我没有变现一分钱，但我打好了粉丝基础，也为自己的个人品牌"健身教练老燕子"打下了基础，这无形中将大幅提升变现的能力和价值。

短视频和直播的变现方法有很多，第一个当属直播变现。不管粉丝数多少，都可以开通直播。通过才艺展示等方式，获得榜一大哥大姐的打赏，从而获得收益。很多人通过这一块儿，赚了不少钱，可它并不适合我，也许是我的思想还太过保守，靠别人"打赏"心理上还接受不了，总有点街头卖艺的感觉，造成我有意无意地远远地躲开了这一块儿。

第二是引流变现。通过短视频、直播等形式涨粉，然后将其中自己的精准粉丝导流到线下课、线下门店进行服务。其实，不管你有没有线下门店，公域流量导入私域流量是平台明文限制的，但是，又是每个博主都必须做的事情。否则，变现无从谈起。虽然这一块儿不太好做，很多人也不得要领，但一定要学着做。

你若会写点东西，建议你首选"公众号"发文。因为，在众多的媒体平台上，只有"公众号文章"可以直接留微信号、电话号码、二维码，方便看过你文章又对你感兴趣的粉丝直接联系到你。而其他平台你则要小心了，因为公开发送联系方式、链接、二维码是违规行为，轻则处罚，重则销号。

我见过很多导流方式，有开通几个小号冒充粉丝混在粉丝群发送联系方式的；有把自己平台号换成联系方式的；有在粉丝群把自己联系方式拍成图片放上去的；有在留言区把自己的号码分段发送的，等等。但不管是哪一种方法，都不可以长时间使用，更不可以批量使用，平台很快会识别出来。这些方法，表面上看好像有点偷偷摸摸、桌子底下做事的行径，但你在刚起步的时候，又有什么更好的方法呢？这是一个抢人的时代，只要你不违规，你多多少少、早晚都能把公域的目标用户变成自己的私域用户，这就需要看你怎么用心去做了。一旦导入自己的私域，你就可以以自己的方式来运营了。

第三是流量收益。 在各大平台发布视频，产生一定的播放量、点赞等流量数据，平台都会给予对应的流量收入奖励。其实,你若没有爆款视频出现,这一块儿的收入基本可以忽略不计。即使是爆款频出,这点收入也不足以养活自己。除非你是现象级的人物,另当别论。所以,对这块儿的收入,我基本上是放弃不计的。

第四是广告收入。一种是平台根据视频质量自动匹配广告;另一种是视频主在自己的视频中插入与之合作广告商的广告。前者,基本上长期投放视频者都有。若想靠这块儿赚钱,就需要有高质量的爆款频出,否则,收益甚微。后者则需要与商家合作,一个广告视频收入从几百元、几千元到上万元不等,需要花费时间去针对性拍摄,需要商家审核通过等流程,能做好赚到钱的,并不容易。

第五是知识付费。通过发布知识类视频和直播,如教授技能、分享经验等,吸引用户购买课程或服务,从而达成变现。知识付费是我的主要收入来源,它需要和平台合作完成。一是课程要通过高清视频呈现出来,占内存很大,个人的手机或电脑空间有限;二是要有知识产权的保护意识。即便个人可以做出视频课程,但你却无法控制传播渠道,他人可能任意转载或侵权。

如果与平台合作,情况就不一样了,因有合约管束,课程受到知识产权保护。当然,这需要你支付一定的费用,但我觉得这个钱花得很值得,也很有必要。

所以,我把自己积累了几十年的健身成果,通过小鹅通平台做成了大小不同的一系列课程，把课程链接挂在直播间，挂在平台个人主页的橱窗里，这样做好处多多。一是可以光明正大地自动引流，凡下单购买课程的粉丝，都会留下联系方式，方便你课后服务；二是这个收入是通过自己的知识和技能付出得到的，挣的是最干净的钱，心里踏实有底气。当然，做知识付费的前提条件是有知识、有技能，且有把这种知识和技能通过课程展示出来的能力。

通过短视频和直播挣到钱，是需要时间和努力的。业内有句话说得好：**一年潜藏，三年入行，五年登堂，十年为王**。去年要成为今年的基石，五年前要成为今天的阶梯，成功需要不断尝试和实践，同时要保持创造力和独特性。所以，当你看到别人在线上赚到钱的时候，先问问自己付出了多少努力。虽然线下到线上只隔着一层窗户纸，但要捅破这层窗户纸，需要积累，需要机遇。

觉察练习

你是不是也希望开启线上轻创业模式，自己赚钱当老板，感觉手捧一部手机，随时随地把钱赚，自由、轻松、收入不差。其实，事实远非如此，就像天上不会掉馅饼一样，线上赚钱一定要有积累、有胆识。所以，个人在互联网上创业，也要凭实力。

第二节　团队作战，深度运营私域和社群

近年来，随着时代的发展，流量运营越来越受重视。谁拥有流量谁就拥有更多的客户资源，抓住流量就能提高收益。公域流量之外，有更为火爆的私域流量；私域流量之外还有更为详细的社群流量。所以，要想玩儿转流量，首先要弄明白什么是私域运营，什么是社群运营。

首先是经营范围不同。私域运营的范围非常广，包括各种平台，比如微信公众号、视频号、抖音、快手、小红书等；而社群运营只是其中占比很小的一部分，比如微信群、微信朋友圈、QQ群等。经营范围的不同，就决定了运营方法的不同。私域运营，不仅要提高用户活跃度，提高转化率和转介绍，还要不断调整经营策略。而社群运营就只需要做好社群内部的客户维护，并且只有开始做私域流量才会衍生出各种社群。

我们的玩法是，团队合作。我们是10人小团队，分4个职能小组。

（1）课程交付小组，由我和康复医生及程序员组成。我们仨负责课程的原创编制、课程制作、上课交付及课后点评服务。

（2）客服小组，由3个人组成，负责各大平台的线上咨询业务，解答所有来自粉丝的问题。涉及专业问题转发给有关专业人士解答即可，及时服务是第一要务。

（3）社群服务小组，由3位训练营营长组成，负责解答社群粉丝的所有问题。课程操作流程她们必须熟练掌握，并及时指导学员进行操作。

（4）课程分销小组，由客服和社群服务的6人组成，一名队长负责她们的分销培训工作。分销小组成员，要求对所有课程了如指掌，这是提升业绩的关键所在。

我们秉承专业的事由专业的人去做，术业有专攻。4个小组组成了我们的核心团队，大家既协同作战，又分工明确、各负其责。每个小团队以及个人的收入，都跟业绩挂钩，但对业绩并不做考核，完全看个人赚钱的欲望，因为大家都是退休人员，所以非常珍惜这个不出门、捧着手机就能赚钱的工作机会。在不给大家业绩压力的情况下，我希望让大家做得更舒心，更有主动性。我深知这个年龄段的姐妹心中需要什么，她们需要赚钱来体现自己的价值、来丰富自己的养老生活；她们更需要得到尊重，更需要获得工作的快乐；她们的工作积极性是发自内心的，无须管理者费心劳神。所以，领导这样的团队，是一种幸福。

我们团队的核心任务就是给干货，解决实际问题。

首先，是早直播的内容，虽然是免费公益的直播，但一定是干货满满的课程。一小时边教边练，我把动作细节交代得准确清晰，把规避运动损伤提醒得及时到位，力图让每一个在直播间坚持的粉丝朋友，都有身体上的收获。一个小时的互动答疑，我秉持直截了当，有凭有据，干脆利落的风格。既有问题的解答，又有行动上的鼓励，还有关于人生通透的点拨。

有粉丝问："我儿子28岁，100多公斤怎么减肥？"

还有粉丝问："我老公有高血糖能不能练？"

我的回答是："不参与别人的因果，管好你自己。让他们看见你的变化，你说话才有力量。大家都是成年人，什么道理他们都懂，不需要你操心。你以为你是在为他们好，其实你是在制造家庭矛盾。女人大半辈子为别人活，老了能为自己活一把吗？把爱自己放在第一位，你永远幸福。赞不赞同？"

粉丝朋友们直呼："听教练的答疑，长知识，增智慧。"

她们还感慨道："每天重复的问题，教练都能不厌其烦地解答，太有耐心了。"

更多的是感谢和报喜："我坚持3个月了，腿不疼了，身上有劲儿了，太感谢教练了。"

我的回答是："先感谢你自己，感谢自己的选择，感谢自己的相信，感谢自己的坚持。"

我常说："你只要每天坚持一小时，就会有身体上的收获；你每天坚持两个小时，还会有健身常识的收获。

总之，我们不会浪费每一个人的时间。"

其次，我们对课程教学的交付，万万不敢马虎。每一节课后，都要求每一个人上传动作视频，教练和医生做一对一的点评，把一些不准确的动作都扼杀在摇篮里，让大家从开始就养成一个良好的运动习惯，规避运动损伤，为今后的高质量生活，打下健康的基础。

我们的运营，从操作层面，为每一节课的顺利完成保驾护航。我们的客服和队长，负责教会大家如何录制视频、剪辑视频、上传视频，负责教大家打卡、交作业等琐碎的事宜。每一个人，各司其职。

所以，一年半的时间，我们的团队不断成长，我们整个团队运营良好，顺利发展。我们的一名队长说："我每天帮助大家解答问题可有成就感了，赚到的每一分钱都可踏实了。"

觉察练习

你是否有开启自媒体创业的打算？这是一个我们普通人都可以去尝试的平台，自媒体创业，你都做了哪些准备？

其实做任何事情，都要把"给干货、极致利他"放在首位。任何的投机取巧，最后都会让你输得很不体面。

第三节　不倒的人设，唯有真实做自己

复旦大学陈果教授说："这个世界上，总有人喜欢你，总有人不喜欢你，当你活成真实的你，还是有人喜欢你，还是有人不喜欢你，但是，喜欢你的人里面多了很重要的一个人，那就是，你会喜欢你自己。"

人设指的是一个人给别人的印象，即人格魅力。你的家庭背景、你的职业、你的人生经历、你对未来的设想、你的表达方式、你的穿衣风格、你的真性情，等等，都是你人设的一部分。

有人说，要根据自己的用户画像，来打造自己的人设。我想，根据需求刻意打造出来的人设，未免有点太假。**真实，才是人设不倒的秘密武器。**

坦诚你的缺点，不遮掩你的缺点，某些缺点反而能成为大家的记忆点。

我坦诚自己不爱看书，经常念错别字，经常是考试倒数第一的学渣，但我未来的目标却是要出版一本畅销书。这个反差是不是有点大，但它是真实的。

我坦诚自己不够温柔，说话直截了当，缺乏语言表达技巧，情商低下，但我足够真诚且有感染力。

比如，新东方创始人俞敏洪的人设，家庭背景：农民草根。成长经历：高考失败二次、北大休学一年、从贴电线杆小广告起家到成为新东方创始人。个性：憨厚、好脾气、睿智。他这个鲜活立体的人设，是不是很真实？

每个人身上都有属于自己的闪光点，这些闪光点是别人喜欢你、对你产生好印象的主要原因。反观自己的闪光点，教学不仅认真，动作的每一个小细节都不放过，用专业的、精准简练的、不可置疑的语气，将动作向大家反复交代得清清楚楚，这是大家喜欢我的地方。

而且课程更有我自己的特色，针对中老年群体，运动损伤的规避是放在第一位的。我可以把标准的动作，简化再简化，优化再优化，以适合不同身体类型的人群。而且，每类人的安全范围在哪个角度，在哪个点，有什么规避的小措施，我都交代得明明白白。这是其他直播间主播做不到的，也是直播黏性特别好的原因。

比如，我是一个性格开朗、生活简单的人，那么在直播间、在日常生活中我就充分展示这一特质，这也是大家喜欢我、记住我并信任我的关键。用我老妈的一句话来说就是："在家你是个疯子，在手机里也是个疯子，怼天怼地怼空气。"

其实，我的嬉笑怒怼中，无时无刻不透露着开朗和简单的真实。

我的职业"人设",更是来不得半点虚假。"从业30多年的老教练""63岁的老教练""国家体育总局考核认证的教练员、裁判员、社会体育指导员",多次受邀参加央视节目,这些都是真真实实发生过的事情,经得起任何人去考证。

至于我的背景,出生在小城市一个普通的双职工家庭。45岁前,是名普通的国企员工;45岁北漂打工;55岁开始学习写作;60岁开始自媒体创业。这些成长经历,都是我"人设"的一部分。

坚持女性经济独立、精神独立的价值观和未来出书、读书、去南极、去北极、去冰岛、去环游世界,把健身直播带到旅途中、相约再练30年的愿景,无一不是人设的体现。

无论从哪方面考查,都要经得起真实的考验,只有真实,唯有真实,才是人设不倒的真谛。有些人将虚伪的生活方式包装得像真实的,一旦被揭露,就会让观众感到背叛,其信任将遭受严重动摇,人设也随之坍塌。

说白了,什么是人设?人设,其实就是人品。像我这种有道德洁癖的人,是绝不允许自己有半点坑蒙拐骗的痕迹发生的。直播间我告诉大家,我晚上10点前必须睡觉。有时候捧着手机不愿放下的时候,就会有一种骗人的负罪感,便立马放下手机。虽然没人监督,但自己心里的道德门槛就是过不去。因为,那是我自己的人生信条，是我自己的人生修养，与别人无关。行善不为人知，谓之真善。

觉察练习

我们从小就被教育：好孩子诚实不说谎。其实，诚实是美德，人人需具有。一辈子不说谎话，不做坏事，不但你的人设能够屹立不倒，得到尊重，而且能够让你一辈子都过得踏实坦诚。心无旁骛，则通大道。

第四节　用技能创富，打破金钱卡点

查理·芒格说："要得到想要的东西，最可靠的方法就是让自己配得上它。"**让自己有配得感，是打破金钱卡点的关键**。

知识付费已经成为一种趋势，越来越多的人开始关注自我提升和职业发展，通过知识付费来获取知识和技能。但是，你以为已成为趋势的东西，就能被当下所有人接受吗？不，我这个知识博主，就卡在了知识收费的节点上。

和许多刚刚起步的知识 IP 不一样，我的第一批粉丝，不是朋友圈中的朋友，不是之前的老学员，也不是身边的好友，而是视频号、抖音、小红书的陌生粉。

从 0 到 1 的开始，慢慢地，直播间有健身特殊需求的粉丝逐渐变多，直播间的互动答疑，已不能满足粉丝的需求，在沟通的过程中我发现，许多粉丝的疑惑和需求有趋同性，于是便建立免费的微信群方便进一步沟通。

但是，慢慢地我发现，免费的东西是不受尊重的、不被珍惜的。有人退群，也有人却任意把亲朋好友拉进群里。

更过分的是,在群里免费分享的干货知识,被窃取发往其他平台。等我自己再撰写成图文发布时,竟被告知是搬运他人内容,仅自己可见。

就在我一筹莫展的时候,我邂逅了我们007社群战友梅教主。我报名参加了她的社群运营学习群。沟通中,我了解到,她当年也遇到过同样的问题,她说:"社群付费,抬高门槛。你记住,付费的门槛越高,通常情况下,人的素质也相对越高。"

我怯怯地问:"怎么开口收费呀?从来没有干过这事。"

她笑了:"我刚开始也不好意思收费。总觉得讲点干货就收钱,心里别扭。但你想想,你的知识和技能不是你花时间、花钱、费脑力学来的吗?你几十年的积累不值钱吗?就像你不给我交钱,我能对你上心吗?你不付费能学到知识吗?如果你心里别扭,就先少收点钱,多给干货,慢慢地适应,只要开始做起来,你才能慢慢悟透知识付费的价值。"

其实,不是价格高低的问题,是心里这道坎过不去的问题。因为我们这一代人,从小接受的教育是无私奉献,不求回报,做好事不留名。就像我在国企工作,加班都是义务劳动,且感到非常光荣。

但想想梅教主的话不无道理,再看看现实世界,俨然有种落伍的感觉。于是,壮着胆子宣布:"进群付费

19.9元/年。"当500个人的群收满的时候，我知道，我心里的那道知识收费的门槛，算是跨过去了。

至此，我这个60多岁的保守顽固分子，完全接受了知识付费这个现实。

随着粉丝不同需求的呈现，需求量的增加，我在社群的基础上，开办了"减肥组"和"增肌组"。三个月一期，记录每个人的身体基础数据，一个月一对比，根据数据变化，做一对一的电话指导，效果确实好。但是，一个人要服务上百个人，有时候一天就要指导30多个学员，很快，嗓子哑得说不出话来，深感力不从心。

由于内容价值高，慕名添加的粉丝越来越多，咨询者层层叠叠，有些粉丝直接问："有没有付费课程？"

我意识到，从0到1的旅程已经完成，接下来将进入从1到10的发展阶段了。我开始制作自己的付费课程。

顺势而为加上好口碑，还有与粉丝共同成长，促成我的知识付费创业之路。跟其他知识付费创业者从线下转线上的经历相同，我们的线上培训课程，以直播为主，一个月的授课带练，三个月的动作点评服务。学员需把动作拍成视频，上传到小程序，教练在小程序上，对她们的动作，进行一对一的点评。直到学员们学会，课程才算交付完成。

金杯银杯不如粉丝的口碑。课程质量的高低，看粉丝们口口相传复购率即可窥见一斑。新学员的信任，80% 靠我们早直播的免费课程。在线直播跟练半年、一年的学员，只要有购买能力，都会选择下单我们的课程，继续全面系统地学习。我们的承诺就是，下单我们的课程，不会浪费你的金钱，更不会浪费你的时间。

三年入行，五年登堂，十年为王。我们才刚刚起步，还有更多的原创内容，向这个世界持续输出。健身 30 多年的积累，现在正是厚积薄发的时候。

觉察练习

你有收钱卡点吗？老一代人，特别是老一代的女性朋友，大多不爱为自己花钱。因为她们有深深的不配得感。总觉得，钱花在孩子身上值得，花在男人身上也值得，唯一不值得的就是花给自己。这种金钱卡点，也会影响你的赚钱能力。所以，女人要对自己好一点，让自己有配得感。

第五节　最高级的销售，不谈"买卖"二字

乔吉拉德说："顶级的营销一定是自我营销。不是产品、不是公司、不是品牌，是你自己。"

优秀的销售开始于信任，信任的建立基于真诚。让每一位客户都感受到我们的真诚和专业，这是我们的使命。

销售，看似轻描淡写的交谈，背后却凝聚着数十年的经验和涵养。台上一分钟，台下十年功。自我营销，不是速成秘籍，它一定有长年积累的底层逻辑。

比如，自媒体的大V是如何炼成的？每日推广做流量积累数据库，不可一日中断，不可一日偷懒，三年才算入门，五年小有成就，十年必成大器。天道酬勤，在昏暗的日子里，保持勤奋，磨炼自己的心智。坚信天将降大任于斯人也，必先苦其心志，劳其筋骨。

营销大师乔·吉拉德，幼年口吃，中年破产，但却实现逆袭。他被吉尼斯世界纪录称为"世界上最伟大的销售员"。你知道吗，他90多岁高龄，仍在做每日拜访、递送个人名片。可想而知，年轻时的他，是怎么努力工作的。记住一句话："做任何事都是欲速则不达，都

讲究日积月累，慢就是快。"

我们已经习惯把顾客当上帝，错，顾客不是上帝，顾客是人。上帝没有需求，上帝的需求，我们人类无法满足。而人有自己的需求，有自己要解决的问题。你要做的就是找到客户需求和解决问题的钥匙。

珍惜自己的羽毛，你的品德、你的涵养、你的真实都是你的品牌。好口碑远远大于你赚了多少钱。顾客要么亲自体验，要么听别人推荐，要么看别人找你成交，他才敢把自己的需求交给你去打理。那些主动找你成交的客户，是因为你做到了你能做到的极致服务，他们以找你成交为荣。

所以，你一定要做品牌，你一定要在影响力上下功夫，给自己争取更多的话语权，这样你才能真正掌握自我营销的核心。只有当这些认知提升后，赚钱才是或早或晚的事。

我有个学员是清华大学的硕士，人称保险界的"百科全书"。当别的保险员还在死缠烂打承诺给顾客反佣的时候，她温文尔雅地、条理清晰地给客户分析各类产品的优劣，让客户自己选择。我也因为是她的教练，才有幸成为她的客户。

要知道，我之前是躲着保险员走的，我怕一不小心被他们拉着给上一课，既浪费时间又浪费感情。保险员遍地都是，但能做出影响力的很少。

我们认识好几年了,她自己不说,我都不知道她是卖保险的。我曾经很好奇地问过她:"你这么好的学历背景,为什么选择卖保险?"

她说:"卖保险有时间陪孩子,卖保险能赚更多的钱,卖保险对我来说,降维打击做起来更游刃有余。"

不是保险行业选择了她,是她为自己和家庭选择了保险行业。我对她的信任,如同亲人。我觉得钱放在银行里不如放在她推荐的产品里。而这仅仅是因为她更专业吗?不仅如此,还因为她的人品好,值得信赖。

我们同是做服务行业的,她是我职业生涯中的标杆。认识她之后,我给自己定下了一个初级目标,就是**谈客户不提"买卖"二字,靠自己的专业,靠自己的服务,去影响客户,同时注重打造个人影响力。她是保险界的"百度",那我就力争做健身界的"老教练"**。不仅是年龄大的"老",还是资质深厚的"老",更是处理问题老练的"老"。积累几年,我的学员说:"有老教练陪着我训练,倍儿有面儿。"

想当年同行还在为业绩发愁的时候,我考虑的则是年度销冠应该属于自己。当其他教练为了成单,私下里许诺客户额外赠送多少节课时,我则坚持"我的服务不打折"。

做品牌,提升个人影响力,对我线上创业帮助极大。有粉丝问:"你是国家级教练,让我们看看你的证书。"

我毫不客气地回答:"放心吧,平台已经替你审核过了,央视也替你审核通过了。"

有粉丝说:"我是看到媒体报道你的故事找到你的。"

还有人说:"我是看到央视节目找到你的。"

更多的粉丝是亲朋好友介绍进入直播间的。有人问:"您的课单价那么贵,有人买吗?"

我说:"我的每一期训练营都爆满。"

有人咨询:"618大促,您的课有优惠吗?"

还是那句话:"我的服务不打折。"

靠品牌,靠影响力,可以牢牢掌握话语权。什么跪式服务,迎合式服务,只能说明内容同质化严重,没有创新,自身不够强大。做个人品牌,做产品创新,做稀缺内容,你便会迎来属于自己的蓝海。

觉察练习

你是不是很羡慕那些从不主动营销,坐等顾客主动上门的销售员?那就让自己强大起来,无论是专业的技能,还是超预期的服务,抑或是强大的个人魅力。总之,你要有比别人强的地方,这样,你在买卖中才能占据主动地位,拥有买卖的话语权。

第九章　成人达己：成为万千学员的老教练

第一节　越是免费的课程，越要付出高价值

免费学习是馅饼还是陷阱？心存这种疑问的人很多，能够理解。因为，网络上的陌生感，让云端的信任度不高。更何况，很多主播，打着免费授课的幌子，实则骗取别人的钱财和时间，让大家有一种被割韭菜的感觉。那么，怎么避开免费学习的陷阱呢？

一般免费学习的陷阱是短期行为。如三天培训班，五天训练营，七天免费课。比如，你看到某平台的某广告，有一个你感兴趣的项目可以免费学习，你报名学习。结果它是一个短期学习班，头两天的学习，免费给点知识点，但后面的课程你要想继续学习，就得交费了，不然就到此为止。你是不是有一种莫名的失落。

在网上免费授课的浪潮中，背后都往往隐藏着复杂的营销逻辑，许多人往往为了获取知识和技能，陷入了

别人的营销套路中。

然而，你必须承认，当今的社会，营销无处不在。这也是经济发展不可或缺的组成部分。**你更要承认，每个人都有自己的知识盲点，都需要学习。而别人几十年积累的经验和技能，不值得你去付费学习吗？关键是"值得"二字。**要找到你觉得"值得"的人和课程去付费学习，学到真本领，才不会当被割的韭菜。如果你还停留在白嫖知识的层面上，只能说明你跟不上时代的步伐，还没有从保守的美梦中苏醒过来。知识付费的时代已经来到。"不付费，学不会"，既扎心又现实。

更不可否认的是，互联网也确实提供了一些真正免费且具有高质量的听课机会。因此，我们需要做的就是辨别真假，用你的火眼金睛去找到真正愿意帮助大家的人。可能这个过程很长，但只要你抱着功夫不负有心人的决心，就一定能和你的真命天子相遇。

也正是看到了互联网免费授课中的诸多问题，我们提出了越是免费的课，越要高质量、高价值地交付，且走长期主义路线。

我是摩羯座，属于工作狂魔，把免费直播教大家练肌肉当成自己的事业去做，给到大家最需要的帮助。我们的口号是：地球不爆炸，我们不放假。一年365天直播，春夏秋冬每天早6点，我准时出现在直播间。很多粉丝都说："每天都想偷懒，但一看见教练，立马精神。"

还有人说:"教练太自律了。怎么做到的?"

粉丝们有的跟练三个月,有的跟练半年,有的跟练一年多,大家都有各自的收获。因为跟练,大家身体好了,精神好了,就不由自主地将我的直播推荐给身边人了,这是一个很自然的过程。

我的免费直播之所以受到欢迎,简单三个字就是:上干货。且常年上干货。居家肌肉训练,与其他运动方式不同。练肌肉要一个部位一个部位地练,一周将全身练遍。而其他运动方式,则是一次练全身。所以,我们每天练不同的身体部位,不同的动作,一周循环一次,每天的动作都有细节的优化。最受大家高度认可的是我对动作要领的讲解精准到位。

十几年健身操教练的磨炼,让我把动作口令提炼得炉火纯青,没有半句废话。想想看,一节课几十个动作组合,能用语言精准表达,需要怎样长期磨炼。再加上十几年私人教练的经验,在训练过程中,我能很自然地关注到每一类不同的人群。对于腰椎疼的、膝盖疼的、颈椎疼的、肩膀疼的、手腕疼的,都有相应的运动损伤风险的规避提示。

每一节课,纯练一小时,没有任何套路,有时连喝水都顾不上,满满的干货。想想看,这样的免费课程,只要是你需要的,能不选择留下来吗?只要你留下来坚持跟练,能没有收获吗?你身体有收获能不去跟别人宣讲吗？而我们的愿景是：相伴锻炼 30 年。

铁粉们说：老燕子一定不会辜负大家的推荐，不会丢了大家的面子，一定会让被推荐的人万分感谢推荐人。愿大家携手健身 30 年，过高质量的后半生。愿我们笑着过，唱着过，自由自在地过。

觉察练习

你是否在线上上过免费的课程？你的感受如何？有没有被糊弄、受骗上当，浪费时间的感觉？

线上免费课程，在你感兴趣的领域，建议多报几个，没有对比就没有衡量的标准，什么是好老师，什么老师给干货，老师的秉性和口碑，会在你的对比评判中，被你的慧眼自然甄别出来。

第二节　两大法宝，准确捕捉用户需求

马斯洛认为，人的需求有 5 个层级，从下到上依次是：生理需求、安全需求、社交需求、尊重需求、自我实现。对此我的理解就是两大需求：人性的需求、价值观的需求。

看看网络上做得好的大 V，去分析他们你就会发现，他们一定是满足或者唤醒了人们的某些需求。

首先要看用户怎么说、怎么做。这是最表象的需求；其次要看用户为什么这么说、为什么这么做；然后去帮助他们解决问题，这是获取用户需求的第一大法宝。

比如，很多人都会碰到这样的问题，"人生好迷茫，我该怎么办？"如果你继续深挖可以发现，不同人的需求是不一样的，是很具体的。

有人没有确定的人生目标；有人生活的圈子和视野都比较窄；有人在事业上或者学业上普普通通；有人没有什么主见，等等。表面上看，都是人生迷茫。其实，是一种对现状的不满意，对自己身份的不认同，对自己的信念和价值观的质疑。他们提出的这个问题，动机其实就是想寻求自己的身份、信念和价值观的认同感。

如果你的短视频、你的直播内容偏向于：我是个目标清晰、善于管理自己时间的人；我是坚持学习、坚持长期主义的人。那么，你很大程度上能够解决用户的人生迷茫问题，从而成为他们的精神导师。

说来也巧，在我还不懂得这些理论的时候，竟然仅凭自己的直觉，误打误撞地做对了这些事，抓住了这个获取用户需求的第一大法宝。

比如，我们的直播定位：中老年居家练肌肉。不管当时大数据表明的数字如何差，我就是铁了心地要做这一块儿。不是自己有什么先见之明，而是因为我自己也已经跨入了老年行列。

专业知识告诉我，自己在这个肌肉丢失的年龄，不能再做加速肌肉丢失的运动，比如健身操。大数据告诉人们：一个刘畊宏的带操直播间，能打败100家健身房；广场舞的流量，在当下也是火爆得一塌糊涂。虽然自己就是国家级的健身操教练员，带跳自己的原创操手到擒来，但是，违背健康原则的事，必定做不长久。不能长久做下去的事情，不如不做。

也许是从小到大养成的做事持久的好习惯帮了我，当时心里就这么执拗地认定了，要选择一个能长长久久做下去的运动项目。结果告诉我，这个决定和选择是正确的。

而且，我们的直播间是每天早上6点直播，雷打不动。不少粉丝说："6点太早了，能推迟半个小时吗，能7点开始吗？"

我就简单两个字："不能。"不解释，不妥协。

还有粉丝说："教练，冬天那么冷，您能起得来吗？"

我还是两个字："我能。"

有人问我晚上几点睡觉，早上几点起床。我回答："晚9点30睡下，早4点30起床，已经形成习惯，没有压力。"

换来的是一片"哇"声："教练好自律。"

我把一日二餐的视频发到平台上，又换来一片"哇"声："教练的饮食好健康。"

有人问："家人也跟着你一日二餐？清淡饮食？"

我说："对，如果他们选择跟我生活，那就必须按照我的生活习惯，否则，我不接受。现在我们各过各的小日子，互不干预。对孩子们的任何决定，家里的任何事情，不管也不问。要我帮忙的时候就说话，否则一概装傻充愣，当作不知道、没看见。女人大半辈子都为别人活，到老了，只把自己活明白就行。"

换来的还是一片"哇"声："教练活得好通透。"

无形中，我活成了粉丝心目中的精神领袖。

获取用户需求的第二大法宝就是唤醒他们心中的恐惧，针对他们心中的"怕"字做文章。这一点是我的强项。

比如，教育是为了解决人们对于未来找不到好工作的恐惧、失业的恐惧、被社会淘汰的恐惧。那么，我带领大家健身，解决的就是人们对青春流逝的恐惧、对变老的恐惧、对疾病缠身的恐惧。针对这些恐惧，有针对性地去具体地一个一个地落地解决。

比如，健身练肌肉能帮助大家解决延缓衰老的问题，减轻病痛的问题。每天直播间一小时锻炼之后，另一小时的答疑互动环节，就显得尤为重要。

直播间最常见的问题是：

（1）我60岁、零基础、用多重的哑铃才安全？

（2）我70岁了能跟您练吗？

（3）我膝盖疼有积液能练吗？

（4）我腰椎4~5膨出能练吗？

（5）我网球肘、颈椎病怎么练？

（6）臀腿能不能天天练？

（7）跟你练完能再跑一小时吗？

（8）我肌肉萎缩得厉害，怎么练能长肌肉？

（9）我血糖高练肌肉能降血糖吗？

可见，每个问题都带有他们的恐慌心理。直播间的解答，很大程度上缓解了大家的恐慌压力，且我的答案直截了当、无可置疑。

比如，血糖高能练吗？

答：练肌肉就是天然的降糖药。因为，人体的糖分代谢，80%靠肌肉代谢，肌肉质量好，代谢就好。练三个月就能看到结果，给自己三个月的时间，试一试。

再比如，快走时关节有响声还能不能练？

答：关节弹响，是身体开始衰老的信号。因为肌肉开始萎缩，对关节的保护能力降低，且骨关节滑液减少，关节弹响就会出现。解决的方法，除了练肌肉保护关节，还必须多拉伸，让滑液慢慢增加。

再比如，臀腿能不能天天练？

答：臀腿一周只练一次。因为，臀腿肌群是人体最大的一个肌群，占全身肌肉总量的70%。练臀腿，消耗大，容易引起疲劳，而运动损伤的80%都是由运动疲劳产生的。

还有其他更简单的问题，我在直播间都不厌其烦地反复讲解。其实，最终目的就是解决大家心里的恐慌。

直播间有更多粉丝在分享：

（1）跟练三个月，身上有劲了，睡眠质量好了，精神都变好了。

（2）肩袖损伤住院两个月没治好，跟练半年，好了，不疼了。

（3）练了一年多，我的罗圈腿都直溜了。

大家的分享，又让更多的人看到希望。直播间的主题就是：我们练的不仅是肌肉，我们练的是高质量的后半生，不拖累儿女，自己健康自由。人生最好的状态就是，手里有存款，身上有肌肉，任何时候都从容。

觉察练习

大家要懂得，储蓄钱财更要储蓄肌肉，因为这是你对未来的两大恐惧点，抓住这两个关键做功课，才能在未来安心立命，不再迷茫。

第三节　线上课程，训练营高转化秘籍

知识付费的尽头是训练营，训练营的核心是课程内容。课程内容的价值和质量，是用户愿意留存和再次转化的根本。因此，课程内容的设置和高质量是重中之重。

训练营就是高效、系统地培养用户某方面的能力。线上训练营不同于线下训练营，线上吸引用户报名参加的，首先要看它的主题。比如，我们的"中老年居家练肌肉"训练营，每一期针对人体不同的部位设计不同的训练内容，如"臀腿训练营""腰腹训练营"等；各个不同部位的康复训练营，如"膝盖康复训练营""腰椎康复训练营"等，主题明确，降低了用户的决策成本。

训练营属于高效系统的学习方式，其内容也一定是专业的，这种专业体现在两个方面。

一是老师的专业，授课老师需要是某领域的专家或大咖，比如 30 多年的健身教练，国家体育总局考核认证的健美操教练员、健美裁判员；央视节目受邀嘉宾，等等，有较强的专业背景，容易让人信服。

二是体系的专业化，在用户正式报名前，是通过体系的呈现来感知的，课程体系越系统、越合理，用户买

单的可能性才越大。我们就是通过免费直播，每天带练一个身体部位，一周练遍全身。而我们的课程跟直播是对等的，也是按照身体的不同部位来设计的，让用户全方位了解课程的价值，明确自己想要解决的问题，在这样的明确引导下，客户自然就倾向于付费，来更上一层楼地学习。

其实，通过内容的专业化来降低用户决策成本，是基于权威要素的使用逻辑，其本质是信任传递，就是把权威（自带信任感）的性质转移到课程上，从而坚定用户的选择。

要想实现用户转化，就必须做好训练营各个环节的精细化运营，我们的流程是：进群、开营、上课、作业、社群活动、闭营仪式。

进群

在用户购买训练营课程后，运营人员可以私聊用户进群，设置群规则，并且在用户进群后可以安排一次破冰活动，在开营前充分了解用户信息，增加与用户之间的互动。

开营

在训练营的第一天，群内的运营或是助教主持开营仪式，而我是亲力亲为介绍训练营的课程内容、课程目标、学习计划，训练营里的老师/助教/学长/学姐等。然后邀请往期学员做分享，增加训练营的互动感和可信度。开营仪式的最后还需要跟同学们强调第二天的学习任务，并且整理开营仪式的重要文档发送到群里，这样可以有效提升学员体验，确保后续训练营课程学员的到课率。

上课

我们是通过线上知识店铺学习课程内容，多端口学习，降低学员的操作成本。平台通过公众号模板消息进行上课提醒，同时社群每日发布当天的学习内容。与此同时，为建立系统化的训练营课程，平台老师还结合打卡工具，提升学员到课率，增加学员的触达互动，并且让学员数据可跟踪，有效提升复购转化率。

作业

在训练营社群里，我们安排了提交作业、打卡解锁下一节课环节，让学员进一步体验我们的教学态度，后面主动转化的概率也会更大。同时，利用平台圈子功能来承载训练营作业，激励学员互相成长和学习。此外，在学员交作业的同时，就开始进行作业点评，带动群内的学习气氛，让学员感受训练营的课程价值和服务价值。

闭营仪式

一个完成度比较高的闭营仪式，能够为后续的转化复购赋能，我们的闭营仪式包括以下几方面内容：学习回顾、榜样展示、转化植入。

在获客成本不断飙升的情况下，做好用户留存才是关键，因此，训练营课程要更加注重课程内容的设计、用户的精细化服务。

只有使课程交付形成完美的闭环，每一环精准化管理，你才有可能持续发展。

觉察练习

你都付费参加过哪些训练营？体验感如何？如果你准备做知识付费，这节的训练营转化秘籍，是否给你带来启发？

第四节 "公交车理论"，珍惜每一站学员

大浪淘沙，沉者为金。风卷残云，胜者为王，方知真金璀璨。

我很欣赏"公交车理论"。每一站都有人上车，每一站都有人下车。我们要做的就是尽心尽力服务好车上的人，保证他们的安全，让他们拿到自己想要的结果。下车的人不必强留，只要车上一直保持优良的服务，等到再次相遇的时候，下车的人就可能还会再上车。

我们的付费社群，服务期限是一年，期满续费进新群继续学习。没有续费的人，只能随社群解散放弃。团队有人不理解说："现在获客不容易，好不容易吸引来的老用户，放弃实在可惜。"

乍听很有道理，但仔细想想好像有点概念混淆。大家都接受的一个理论就是：维护老用户，开发新用户。但要分清一件事就是，继续续费学习的是老用户，不可怠慢，必须好好维护。而不再续费的，只能说是前用户，不在我的服务范围内。把时间精力放在前用户身上，不舍得放手，从另外一个角度看，说明对团队、对自己还不够有信心。与其恋恋不舍、一厢情愿地内耗，不如轻

装前行，腾出时间和精力去服务现有的"车上人"，做好口碑宣传，吸引更多的新人上车同行。

抓住眼前人狠狠地爱，并让更多人看到这份爱，让上车的人自觉自愿、满怀希望。不断推出创新课程，保持一个吸引同频人的心态，让下车的人无亏欠无不适，这样的工作状态，不纠结。所以，我们虽然有几十万粉丝，上万的付费学员，但我们做得很惬意，这份惬意源自心态的轻松，不做无效社交的轻松。

就像直播间，来来往往人流不断，我们要做的就是把当下的每节课做好。一定不要边上课边关注平台给出的数据，因此患得患失，影响了上课的心情。永远记住，数据是留作复盘总结时找问题用的。坚信一点，只要方向正确，努力做便是，不要不内耗。

能长期留在直播间跟练的人，即便没有成为我的付费学员，绝大部分人也会把我们推荐给身边的人。因为，别人看到了她身上的变化，想成为她，她的推荐便是一件自然而然的事情。再者，人性都是愿意分享快乐的，当自己的身体越来越好，身材越来越棒，自己越来越喜欢自己的时候，她分享的天性是谁都挡不住的。我坚信这一点。还有一点，很多人分享是心怀感恩之心的，她希望我们好，她希望我们能常年坚持下去，她希望自己永远有人带领。所以，做好自己能做的事情，其他的交给时间。

就像直播间的粉丝，每天会不断提醒我喝水、换下湿衣服；听见我说话声音有点嘶哑，就有人呈上良方；听见我咳嗽，就担心我不能继续带练，提醒我早点下播多休息；看见有黑粉就群起攻之，安慰我不要生气。所以，我知道我是粉丝们健身离不开的依靠，我在她们心中是女神一般的存在。我跟粉丝们说："咱们是在云端相伴30年的运动搭子。咱们互相成就，相互奔赴，相互裹挟，谁都离不开谁。"

我长期的付费学员更有意思，无论我创编出什么课程，她们都下单支持跟练，她们说："凡老燕子的课我都上，必须把她身上的所有精华都学到手，让自己后半生无忧。"

这些学员非常了解我的课程体系，熟悉并喜欢我的上课风格。慢慢地，她们成为我们团队中的核心人物，成为我们课程的分销员，热心服务大家。她们从刚开始的"鹦鹉学舌"，到自己成为"半个专家"，成就感爆棚。

还有几个人立志要自己组建团队，希望我给予支持。我说："三年入行，五年登堂，十年为王。你们最少要坚持跟我练三年，不然，害人害己。"大家深以为然，她们说："没有一定的实力，是撑不起一片天空的。我们继续努力做好服务，等出师了，自己干。"

我表示：坚决支持。

不纠结，不内耗，拒绝无效社交，把精力放在最有价值的人和事上，不但服务质量高，还能让自己腾出更多的时间去投入到课程创新和团队管理上，让自己的团队走得更远。

觉察练习

大家都想在线上赚钱，但都苦于没有方法。你首先要想想看，自己能给大家提供什么价值？情绪价值是人人都需要的。各种情绪，喜怒哀乐都需要。因为大家都需要情绪的释放。你帮她释放，或让她看着你释放，都是好方法，围绕这个主题，向外延展放大，就是你能做的内容。

第五节　感谢互联网：被央视及多家媒体报道

是金子，在哪里都可以发光。但前提是，要被人看到，否则被埋在土里永远是矿石。

我45岁北漂打工，努力工作，加班加点，挣扎在买房扎根的边缘。

为生计，不敢辞职，不敢生病，更不敢做自己想做的事情，拿着不稳定的工资，生活状态犹如《骆驼祥子》里的"祥子"。他以拉车为生，今天拉没拉活看天意。我以授课养家，今天有多少人上课，要看能约上多少客户。我们的收入都不稳定，但我们都勤勤恳恳，老老实实地做着属于自己年代的底层人。

正因为我和"祥子"所处的年代不同，我有机会借助互联网，寻找到自己逆袭改命的路径。在一定程度上，这也是60多岁老妇我唯一的逆袭机会。

对于底层的我们来说，互联网为我们普通人提供了一个快速被更多人看到的平台。我曾经在央视录制节目时感慨地说："感谢互联网让央视看到了我，让我有幸走上央视大舞台，让全国人民看到。感谢中央电视台的邀请，又让更多的互联网观众看到了我。"

能被央视屡次邀请，是我此生的荣幸。每一次走进央视演播大厅，看见影像中的自己，都会感慨这才是我一生中最好的样子，自信心瞬间拉满。

互联网又让"环球夫人大赛"组委会看到了我，力邀我加入老年优雅组参赛。我说："没走过T台，没有走秀基础。"

组委会的解答让我很受鼓舞："环球夫人大赛不是纯粹的选美大赛。首先要看你的成长经历，考量的是女性独立，家庭美满；其次才是身材和走秀，您非常符合我们的宗旨。"

一周的"环球夫人"集训，让我见识到了什么才是真正优秀的独立女性。她们优雅、知性、多才、家庭美满，其中的很多女性都是创业成功者。

比赛有一个亲子展示环节，非常温馨。很多人以为我手牵外孙女走上舞台是最靓丽的风景，其实，震惊到我的是，这些创业成功的女性们，80%儿女双全。当她们手牵儿女在舞台上展示才艺的时候，我看到了"中女时代"已经到来。

荣幸的是，我被特聘为京津冀地区"环球夫人大赛"的特约教练，负责今后夫人们的身材管理，同时还获得了优雅组第三名的成绩，成功晋级"全国环球夫人总决赛"，登上了更大的舞台。

很多有天赋的普通人，就是缺乏在平台露脸的胆识。

我之所以抓住了机会，就是努力克服了心理障碍，顶着一头银发和满脸的褶皱、瘢痕，真人出镜，带中老年朋友居家练肌肉。不怕人笑话，不怕人黑我，做足了心理准备迎战一切挑衅，才有了被看见的机会，并受到了广大粉丝们的喜爱。

只要你合理合规地在平台上做事，持续性地输出你的优质内容，都可以拥有一定数量的粉丝数，因此而获得收入，改善你的生活质量，而这样的机会，现在也只有互联网可以提供。它不需要你有背景，不需要你有人脉，它只需要一根网线，一部手机，你就可以开始在自己的人生舞台上表演，让无数人看到。然后，别人眼里"泼天的富贵"就会自动找上门来。

我的线上第一桶金，就是在我粉丝量突破 20 万后获得的。大数据显示，互联网时代，每个人都能出名 15 分钟。只要你愿意去展现、去表达，你就有机会实现财富自由。这个时代，属于表达者的时代。

互联网时代，地球也只是一个"村"。它突破了地理限制，足不出户，就可以让更多的人认识你。

我接受过很多媒体的采访，如"今日头条""北京新人物""Vista 看天下""夕阳红"等，他们就是通过互联网找到的我。**金子的耀眼，来自开采之后的光芒。所以，我们首先要敢于展示自己，敢于表达心声，才能有机会被发现。**

人是社会动物，是有社交需求的。身边的人群当中，你可能找不到志同道合的人，但互联网可以。在网络上，总会遇到那么一群人，让你觉得：你不是一个人在战斗。

生活中的我是孤独的，孤独到身边没有一个可以说心里话的人。我也习惯到不再需要什么交流，可以一个人安静地做自己的事。

但在朋友们的眼里，我是爱说爱笑爱热闹的人，唱歌、跳舞、旅游，身边永远不缺朋友。但是，我知道这些都是暂时的，热闹过后呢？所以，必须做点什么才觉得踏实。

互联网实现了我的愿望，在线上我拓宽了视野，看到了世界的多元化。在线上我与志同道合的人链接，深感简单、快乐。而深层的认同感和归属感，也在不断地滋养着我去发扬自己的优势和长处。

近朱者赤，近墨者黑。**我们终其一生，不是为了讨好所有人，而是为了找到志同道合的同频人。**我现在每到一个地方，都会组织粉丝线下见面会，面对面解决问题，非常受欢迎，也非常有成就感。

互联网提供反馈，促进个人成长。常言道，世界上最难做到的事，就是认识自己，然后战胜自己。自己是谁？言谈举止中透露出你的修养，修养够不够好，能不能得到大众认可？没有人告诉你真相，但互联网可以。

你写的文章，你发布的视频，你在互联网上的所有作品，都会有人给你点评。数据，就是最客观的反馈。

如果你有趣、有料、有才，你的价值会被无限放大，会被看见，会被欣赏。而这些，也都会促进你的个人成长。如果你低俗无趣，互联网也会分分钟将你打入冷宫，毫不留情。

你的人生使命是什么？很大程度上要看你能为别人提供什么价值，能为这个世界做点什么事情。

李白说：天生我材必有用。每个人出生在世，都不是偶然的，都带着人类进化的使命。只不过很多人没有觉察，没有意识，也不懂怎么输出自己的优势，传递自己的价值。这个时候，就需要有针对性地去学习，只要你有足够的愿力，就没有学不会的动作。

但还有一部分人，有觉悟却始终没有行动。两年前，一朋友跟我讨论怎么做互联网轻创业，说自己粉丝不到一千，不能挂车带货怎么办？我说："一条路就是慢慢积累，通过你的作品让粉丝认识你、接受你，这样的粉丝忠诚度高、黏性好，容易成交；另一条路就是可以花点钱实现涨粉，粉丝数量上来了，不但可以挂车带货，商家也会接踵而至地找你合作，但是成交量不及前者，自己选择即可。"

然而，两年后的今天，她的粉丝依然不到一千。她看到我两年积累了几十万粉丝，又后悔自己没有坚持。重来吧？又怀疑是不是已经失去机会了。我说："怀疑的人永远正确，也永远原地踏步。向前闯的人，总有不确定的风险，但他们乘风破浪，大踏步进步。"

互联网是公平的，是不以人的意志为转移的。这是我们这个时代，留给我们普通人最大的红利。如果你觉得互联网直播带货时代即将过去，你没有抓住机会，那么，互联网的下一个红利，将属于擅长表达者。

表达你的原创产品，像小米自研汽车；表达你的原创内容，像董宇辉的传道授业解惑；表达你的原创课程，像张琦老师讲的商业布局"天地人网"。要想抓住这个机会上车，就要讲好你的品牌故事，树立你的品牌形象，做好你的品牌发展。希望在下一个红利快车上，有我，也有你。

觉察练习

互联网的下一个红利期，将属于表达者。想想看，自己为此要做哪些准备呢？写作、朗读、表演……各行各业，都有可以表达的内容和方式。你准备好了吗？

附录　超人妈妈也需要人疼爱

因为神不能无所不在，所以创造了妈妈

从小，母亲在我心里，就没有她搞不定的事。

过节别的小朋友都有新衣服，就我没有。不久一套红色的连衣裙套装就摆在了我面前，裙子的前胸部位还绣着两只小鸟，漂亮极了，就是看着似曾相识，后来我发现家里的两个电视机罩不见了。

20世纪90年代国企"下岗潮"期间，爸妈单位很久不发工资，家里一分钱恨不得掰成两分钱花。还记得那会儿，我的同学们基本每人都有一辆儿童自行车，每次大伙儿成群结队骑着自行车在广场上飞驰的时候，我只能羡慕地看着。

我妈给我出主意：你想骑车可以拿东西跟他们交换啊。那会儿男孩子们都爱玩仿真枪，仿真塑料子弹打出去是可以回收再利用的。然后我就满世界捡塑料子弹，

一百颗塑料子弹，跟别的同学换取玩一天自行车的机会。我妈夸我聪明，因为别的小朋友得让家长花钱买自行车才能骑，而我是靠自己的努力，比他们厉害多了，我自己也这么觉得。

后来我不但用捡来的塑料子弹跟他们换骑自行车的机会，还开发了代写、检查作业等"业务"。当然，这项"业务"最后还是被老师制止并且我也被严厉批评了。

正在我为此苦恼的时候，一辆崭新的红色自行车摆在我面前，我再也不需要通过交换获得骑别人自行车的机会了。天知道我有多高兴。以至于见了邻居，邻居问："要出去玩啊？"我特别自豪地回答道："是啊，这是我妈给我买的新自行车！"

后来，我才知道，我妈每天下班回来那么晚，是出去摆摊卖衣服了，那会儿卖一件衣服也只能赚一两元钱，而我的自行车就是这么一元两元攒出来的。那时我很小，只是觉得我妈太厉害了，长大后才慢慢懂得，对于我妈这样一个在国企工作这么多年，能放下面子，走出摆摊这一步到底有多难。

从此，我妈下班出摊就带着我一起，她卖衣服，我在旁边写作业，写完了作业，我就坐在旁边听我妈跟顾客讨价还价，听她跟顾客分析她的衣服凭什么卖得比别人贵：她的货是一圈下多少针，所以不缩水，她的货是怎么染色的，所以不掉色。听得顾客还以为我妈是针织厂的技术员，所以，我妈的生意是整条街最好的，而我跟在她后面觉得非常自豪。

有一次，天气不好，我们摆了不到 10 分钟，只赚了两元钱就匆匆收摊。见我有点沮丧，我妈对我说："咱今天如果不出摊，谁会把这两块钱从咱家门缝塞进来吗？有这两块钱，咱们一块钱能买四个馒头，剩下一块钱还能给你买个烧饼夹俩豆腐串，即使妈妈单位一直不发工资，有这两块钱至少今天咱一家人都饿不着了。"

小时候我妈在我心目中犹如"神"一样地存在，所以后来她站上领操台成为教练，开了自己的小健身房，我都觉得太正常了。只要她想干，她总是能做到最好。而我作为她的女儿，我相信自己也会跟她一样。所以，从小用我妈的话来说，走路我都是鼻孔朝天的，哪里知道自卑两个字怎么写。

直到我高考结束后，我妈提出来要去北京发展。当时所有人都认为她疯了，因为当时她的单位里也有几个不甘于现状，辞职去北上广闯荡的年轻人，但人家有学历还年轻。而我妈，一个四十多岁没有高学历的中年妇女，想留在北京简直是天方夜谭。

所有人包括我爸都认为，她出去转一圈，见见世面，碰一鼻子灰就会回来，只有我知道，我妈不会回来了，她的前半生，已经忍太久了。

有些鸟是不能关在笼子里的，因为它们的羽毛太闪耀了

从我开始备孕，我妈就开始焦虑。她知道她来帮忙带孩子对我来说是最优解，产后是一个女人最脆弱的时候，她实在不放心把自己亲闺女交给别人。

但是，这就需要她放弃自己现有的工作，积累了十几年的会员资源就要拱手让人，加上她本来就是高龄教练，一旦放弃可能就意味着她再也回不去了。

为此，我们提前做了充分的准备：足够的储蓄，月嫂、育儿嫂、钟点工都准备就位，我妈也调整了自己的工作时间，每天都抽出半天时间来照顾我。

本以为生活会按照我妈预想的方向平稳发展。可惜，计划赶不上变化。就在孩子七个月的时候，我爸确诊了癌症。她义无反顾地辞掉了工作，去照顾分居十几年的丈夫。

这个时候我爸才意识到，自己这辈子辜负了一个多么好的妻子。一个女人，从来不要求他出人头地，只是在默默地卷自己，即使分居了十几年，在他最需要的时候依然不离不弃。

在照顾我爸的这段时间，我妈一直见缝插针地听课学习，我知道她还有一颗不老的心。果然，送走了老伴，孙女也上了幼儿园后，她就立刻开启了自己的轻创业生涯。

尽管我知道，但凡她想做的事，没有做不到的。但当我妈告诉我，她想开直播的时候，我还是有点吃惊。毕竟她可是"重度电子产品恐惧症"患者，但凡不得已需要手机缴费、网上报名的，我妈从来都是交给我来做。这样一个对网络一无所知的老太太，居然要开直播！

虽然不可置信，但是我和我先生还是举双手赞成。赚不赚钱不重要，有没有人气也不重要。对于我们做子女的来说，爸妈身体健康，有自己喜欢的事情做，就足够了。

为此，我先生还专门把我妈住的小房子重新进行装修，家里俨然就像个小健身房。她就这样开启了健身主播的生涯。

但是，生活总不会一直顺心如意，总是会蹦出来一些不和谐的音符。比如催生二胎。

看着我女儿上了幼儿园，身边催二胎的声音越来越多。他们说一个孩子太孤单，你老了以后孩子养老压力太大。一般面对这种话，我都不会往心里去，毕竟凡事都有好的一面和坏的一面，自己想清楚不后悔就行。可是，每当我说生了二胎没人带的时候。他们总是不假思索地回复："你妈身体那么好，让你妈带啊！"

每次听到这句话，我知道他们并无恶意，可是心里总会有一股无名的怒火。

我知道，只要我开口恳求，我妈一定会妥协，无怨无悔地帮我带孩子。可是，我不愿意。

从小，因为她是长姐，理所应当的吃最差的，包揽家务，把国企的接班名额主动让给弟弟，匆匆嫁人给兄弟腾地方。

结婚后，作为妻子，她收敛自己的锋芒，照顾丈夫的感受。因为她是妈妈，就应该为孩子放弃一切，即使婚姻已经出现问题，她已经有明显的抑郁倾向了，也不能提离婚，因为要给孩子一个完整的家。

我妈大半辈子都这样妥协过来了，现在我已经成家立业，过了而立之年，我妈已经帮我那么多了，为什么还要让她妥协？要妥协到什么时候？

我不想让她再次妥协。我的妈妈本应该是一只美丽的燕子，她应该在天空中飞翔，没有人可以折断她的翅膀，哪怕她的女儿也不可以。

写在最后

我想到了现在自媒体特别流行的一个论调："父母之恩不在于生养，而在于托举。"可是，为什么父母和孩子之间就必须是父母托举子女，子女为什么就不能反过来托举父母呢？父母和子女之间也可以互相成就。

  我的妈妈，没有我的好运气，从小就能占有父母完全的爱，无忧无虑地长大。我以前总会想，如果有下辈子，换我做妈妈，她做女儿，让我好好地爱她，让她不必那么懂事，她可以像我一样，跟父母任性撒娇，有恃无恐。现在想想，其实，用不着下辈子，余生就让我好好疼爱她吧。

大源子（作者女儿）

2024 年 10 月

后 记

2023年12月，决定写这本书的时候，我跟团队成员商量，怎么把来年的工作调整一下，为写这本书腾出时间。不商量不知道，商量后的结果却是全票否决。

大家一致认为，创业初期还不是写书的时候。训练营课程需要再优化，几门小课程的制作还没有开始，而且团队组建还没有最后完成，管理尚不到位。这个时候的业绩也才刚刚有了起色，未来一年，正是加大力度，在业绩稳定的基础上再上一层楼的时候。写书这件事，怎么评估，都属于我们工作中重要但不紧急的项目。

难道自己在007写作社群直播间吹出去的牛，就这么破灭了吗？难道去了南极，看着别人开新书发布会，自己后悔惆怅吗？不行，说出去的话，就像挂在墙上的承诺书，不可更改。

于是，我又许下了另一个承诺：书是一定要写的，前提是不影响任何工作进度的交付。这就等于说，在原本就繁重的工作中，生生给自己加码了写一本书的任务。

而写这本书的时间也只有一年，因为要把它作为献给 2025 年 3 月南极之行的礼物。没想到，第一次写书，竟以这种形式开局，我这心里有些忐忑，甚至有点后悔自己当初"夸下海口"的莽撞。

但最终结果，却让我大为欣喜。这本书竟然八个月就完成了，且其他工作一点没耽误，我们的业绩稳步增长。

如果你要问我写这本书的感受，那就是重新认识了我自己。当你对一件事愿力足够、势必达成的时候，你的潜力也会被无限地激发出来。一直以来的低价值感、不配得感，通过本书的诞生一扫而空。

重新认识自己并不容易，我一直觉得自己就是一个普通得不能再普通的老太太。而我的出书陪跑教练小仙老师不这么认为，她说我的大龄北漂经历就很励志，她说我人过 60 岁了还不放弃自己，线上创业很了不起，而且已经被多家媒体报道过，足可以见证自身故事的影响力。她说："正因为你普通，才会让更多的普通女性所接受，你就是她们身边的邻家大姐，一个幸福、自信、自恰的榜样。"于是，她鼓励我写一本女性成长故事书。

我从开始写这本书的不自信，到小仙老师不断启发、引导、鼓励以及她保姆式的陪伴，让我越写越顺手，越写越有信心。最终，我们如期完成，前后用时 8 个月，甚至提前了 20 天交稿。

一本书的出版离不开很多人的帮助，这里非常感谢我的写作陪跑教练小仙老师，出版社的刘丹编辑；还要感谢007写作社群的助推和裹挟，感谢007创始人覃杰老师；最要感谢的，还是我的女儿大源子，她一直在鼓励我、赞美我，让我有底气继续写下去。

感谢我创业团队的伙伴，让我没有太多的后顾之忧，感谢直播间的粉丝朋友们，感谢大家的热情和期待。

感谢"环球夫人"京津冀组委会的邀约，感谢沛桐主席；感谢央视"夕阳红"的编导们；感谢"看天下"的编导们；感谢"新人物"的编导们；感谢"今日头条"的编导们；感谢公众号文章商业变现老师梅教主，是你们一遍一遍挖掘我的故事，让我一次一次受到鼓舞，重新审视自己，重新认识自己，也为本书的出版打下基础。再次感谢大家。

书中的故事和看法，仅代表我的个人观点，不足之处，恳请读者朋友们谅解和指正。

人生苦短，终其一生，我们要做的不过是更好地爱自己、让自己成长、活出自己。

最后祝福每一位读者朋友，感谢您阅读本书，希望此书能给您带来一段美好时光。未来很长，咱们下一本书再见。

老燕子
2024年8月

老燕子的通透人生智慧

第一节　爱自己，才是终身浪漫的开始

王尔德说："爱自己，是终身浪漫的开始。"这句话被很多人反复引用，我年过花甲后，对此更能感同身受。

现在，我不再想去取悦谁了。我的生命和别人一样宝贵，犯不着装模作样。不喜欢的不假装喜欢，不适合的不勉强。生活不容易，缺乏被讨厌的勇气，就是难为自己。

首先，要断舍离消耗你的人。

我之前有一个"发小群"，里面都是一起长大的伙伴，谁小名叫什么，谁绰号叫什么，谁姊妹几个，排行老几，知根知底。可是，成年后，有人下岗，想的不是去学习某项技能再就业，整天牢骚满腹，各种抱怨。有人离婚，不想自己身上的问题，整天骂天下没有一个好男人。有人不假思索地转发一些不实新闻，并附带上自己偏激的言论。一个人的话题，群里几十个人能八卦一整天。他们变成了我不认识的发小。

于是，我果断退群。有人私信问我："燕子，你怎么退群了，以后见面多尴尬呀。"我说："这样的群让我窒息，有种世界末日的感觉，只想逃离。"

很多人不就是怕自己被人背后扯闲话，为了这点所谓的日后见

面不尴尬，用自己宝贵的时间，去继续维持这种所谓的发小关系吗？我想我的离开是对的，即便日后相见又怎样，打个招呼不就过去了吗，根本不存在什么尴尬的问题，也省去了平日里的相互消耗。**爱自己，就要对这种无效社交、负能量群体，断舍离。**

当女人觉醒，想不再委屈自己时，她的世界便从此改变。我想说，生命只有一次，我没有理由停下来，去等待那个不懂尊重自己的人。爱自己，就是与消耗你的人，断舍离。

人生半百做减法，我的人际关系，简单到只有生养我的母亲和我生养的孩子，外加一个暖男大兄弟。母亲在大弟的照顾下，越老越精神，我对大弟感激不尽。人生幸福，不就是没有精神内耗，自恰顺遂，做自己喜欢的事，并以此养活自己及给予所爱之人快乐吗？很庆幸，我做到了。

其次，要断舍离那些该翻篇的事。

很多事情，不能总抓住不放。因为任何人、任何事，都不会伴你一生。特别是父母要学会对子女放手，你的放手，会让孩子更快地成长和独立。你抓住不放，表面看是在帮助孩子，实则害人害己。

我女儿上中学的第一天，我便放手她的学习，考多少分，作业写没写，一概不问。因为，我自信给予她小学毕业之前的十几年陪伴，已经帮助她养成了很好的学习习惯，毋庸多虑。就连女儿的班主任都好奇地问她："我怎么从来没有见过你的妈妈，她不操心你的学习吗？"

结果是，女儿的成长让我很满意。

女儿结婚以后，我便放飞了自己。她生孩子、带孩子，我绝不过问。我的原则是，你们需要我，就提前知会我，不告诉我的，一概装聋作哑，并拒绝他们招之即来。女婿说：**"妈的边界感太强了，活得太通透。**很多老人做不到，什么事都想管，什么事都看不惯，弄得家里一地鸡毛。"

我现在最欣慰的就是，她们的生活既独立又幸福，我的生活既简单又惬意。所以，爱自己，就要学会翻篇不纠结。

> **觉察练习**
>
> 女人总是被情所困，割舍不掉的亲情，放不下的过去，你是不是觉得我不管孩子的家事有点自私？我也曾一度怀疑过自己。但事实告诉我，这样做对自己真的很公平。

第二节　好脾气，不仅仅是对外人

人际关系，说复杂很复杂，说简单也很简单。它的复杂涉及所有的社会关系，职场的上下级关系、同事关系，生意场上的买卖关系、供需关系，邻里关系、朋友关系、同学关系、战友关系、亲戚关系，等等。

它的简单体现在只涉及血亲关系、夫妻关系，甚至只涉及生养关系和夫妻关系。也就是我与生养我的父母和我生养的子女的关系，以及我的夫妻关系。

你对一段关系的重视程度，完全看在这段关系中，互相提供的价值和你付出的成本。

大部分人对外人是客气的、礼貌的、热情的、大方的，自己的耐心和好脾气都给了外人。也就是说，在外人面前戴着各种面具。因为，外人是不敢轻易冒犯得罪的，他怕失去这层关系，怕给外人留下不好的印象。

但为了生存需求、为了事业发展、为了提升自己，人们有时不得不戴上面具去迎合别人、去维系关系、去委曲求全。但是，耐心和好脾气不仅仅要留给外人，更要留给自己人。

很多人总是认为，自己在外面已经够不容易了，回到家里，面对自己人就应该丢掉假面具，做个真实轻松的自己。殊不知，家人、自己人更需要你的耐心和好脾气。**而你的耐心和好脾气只有给自己人，才是真正的智慧。**

之所以很多人敢跟自己人发脾气，敢对自己人没有耐心，就是因为，他们觉得得罪至亲没有成本。因为自己人爱你、包容你，不会因为你脾气不好轻易离开你。殊不知，这样做的后果更惨痛。

为什么会有高考后的"离婚小高潮"，不就是忍受的一方无需再忍了吗？可往往这个时候，被离婚的一方反而非常委屈，认为要求离婚的一方小题大做。殊不知，能被平日里的小脾气、小毛病逼着走到离婚这一步的家庭，99%都已到了无法挽回的地步。

真正有智慧、高情商、品格优秀的人，无论在哪里，他们的表现都是一样的，根本不会有卸下伪装的烦恼。他们既有职场上的雷厉风行，又有对家人的周到关爱。特别是很多优秀的成功人士，他们事业越是成功，对自己人，对亲情越是重视。他们才是真正的人生赢家。

著名作家刘震云，就曾在媒体上公开坦言，媳妇是一家之主，女儿更是至高无上，自己的家庭地位，不如家里的空气。这话听起来很卑微，其实，更显出刘震云的心胸和智慧。你看他说这话的时候，满脸都洋溢着大写的幸福。

所以，高情商、有智慧的男人或女人，他们的好脾气，不仅仅给了外面的人，还给足了自己人和亲人。

> **觉察练习**
>
> 你身边有没有"女儿奴"的人,看看他们的表现,你会发现他们身上的温暖和善良,以及他们耀眼的人性光辉。

第三节 升维,让问题不再是问题

困难的价值:对于强者,是一笔巨额财富;对于弱者,却是万丈深渊。

什么是真正的大智慧。就是面对各种各样的问题,不是直接死磕问题本身,而是用升维的方法去搞定问题。就好比,道路上红绿灯搞不定拥堵,就建个天桥,让道路畅通一些。想要保持身材又想吃美食,就多做一些运动。

用逆向思维解决问题,一切都不再是问题。

一位母亲抱怨30多岁的儿子不上班,不结婚,整天在家打游戏。母亲无奈地咨询专家,如何解决孩子的问题。专家的回答让这位母亲目瞪口呆。他说:"你儿子没有任何问题,是你有问题。"

专家解释:你帮助孩子解决了所有问题,帮孩子做饭、洗衣,给他房子,给他钱花,为孩子焦虑,为孩子担忧。孩子的所有问题都转移到你的身上,孩子自然就没问题了,你就成了最大的问题。

我们不能把别人的问题,转变成自己的问题,要学会从别人的角度考虑问题。

比如,你在车厢里一手端着泡面,一手拿着开水杯子,你大声吆喝：让一让，借过一下，可是，大多人没有任何反应，你只能小心翼翼。相反，你轻轻地说，小心开水，别烫着您。前面的人会立刻闪到一边，给你让出路来。因为，没有人关心你的感受，但每个人都担心自己的安全。

永远不要把别人的问题，变成自己的问题。因为，这个社会没有人有义务配合你。只有当你手里的事情和别人发生"利益"关系时，问题才会迅速解决。**遇到问题，永远都不是问题本身的问题，而是你处理问题的思维模式问题。**

讲一个苏轼的故事。

过去很多官员被贬谪到海南都要准备棺木，和家人诀别。苏轼在收到被贬诏书的时候，也心如死灰。可他转念一想，这又是一个巨大的契机，一个传道的契机。

海南未曾开化，他可以把儒家的思想带到这片蛮荒之地。贬谪之旅，就这样变成了他教书传道之路。他凭一己之力，开一方文脉。苏轼去世之后，海南出了第一位进士，这片与世隔绝的大陆，终于不再荒芜。

所有经历，皆有因由，所有的事与愿违，都另有安排。

跳出自我，站在更高的层次上看问题，问题就不再是问题。做到这一点很难，需要不断地学习，大量地实践。但只要试着改变自己，一切都将会变得不一样。

觉察练习

思维模式的提升，不是一朝一夕的事情。如果你想提升自己，那就做个有心人，注意平时的学习、积累和观察，汲取别人的教训和经验，让自己少走弯路。

第四节　厚道之人，反而得到更多

古人云："大智若愚，大巧若拙"。厚道，看似朴拙，却是最高级的聪明。小胜靠智，大胜靠德。厚道的人，正直而坦荡，最能获得他人的信赖。

为人厚道，虽然不是一条快车道，但却是一条方向正确的光明大道。今天，你帮别人修过桥，待来日，别人会帮你铺条路。

几十年来，因为厚道，我虽然吃过亏，但是，因为厚道，我也获得了丰厚的回报。因此，我视厚道为安身立命的根本。

记得北漂打工时，刚入职不久的一天，我们一位年轻漂亮的女私教，一个手肘撑在我的肩膀上，另一个手不断地拨弄着我的头发，毫不掩饰地嘲讽我说："你这么大年纪了，应该去应聘保洁，给人家做饭带孩子也不错。"一边说一边晃动着我。

我把她的手肘从我肩上拿下来，挪了挪凳子，离开她的身体，笑着说："你说得对，我也这么想。可是，我除了会健身，其他的什么都不会，生来就是做教练的苦命，你说咋办呢。只可惜你这么漂亮，也跟我一样做教练，白瞎了。"

旁边的主管看不下去了说："老太太，您甭跟她废话。她欺负您新来的。"

谁知，就是这么一个对我不恭不敬的主，在接下来的工作中，我却不止一次地向她伸出援手。

一天半夜正睡得香，突然就接到她的短信，说她在某某酒店无法脱身。我立马起身披衣，到了酒店拉起她就走，边走边骂她："你妈把你交给我，我就得对你负责，大半夜不回家，你想干啥？"

弄得缠着她的会员一脸蒙。我指着她会员说："老弟，明天我给你上课，免费的。"

原来，美女的任务完不成，央求会员给她冲业绩，条件就是陪着会员吃喝，结果被困在了这里。好在她身边有我这么一个老阿姨能帮她，从此她以"干妈"称呼我。她辞职的时候，她所有的会员都转托给我。我询问主管是不是要再分配一下，主管说："您就都接下来吧。她的会员别人伺候不了。"

我理解主管的好意。我也知道，这是对我一直以来努力工作，支撑我们店铺业绩的回报。她转托给我的会员，又给我带来了大量的业绩转化，让我在销冠的位置上稳如泰山。

人们常说："厚道之人，必有厚福。"这福，其实是善良埋下的种子，结出的果实。厚道的人，善良不是刻意为之，而是源自本性。

厚道的人说话直来直去，不会花言巧语，只求问心无愧。我就是典型的说话直来直去，被人们视作情商低、不知变通的愚人。

我原以为，都这么大岁数了，说话还是直言快语的，会讨人嫌弃是老不成熟。没想到，竟有那么多粉丝喜欢。她们说："老师说话不藏着不掖着，听着痛快。"

江山易改本性难移。在我这里，城府跟年龄没有关系，我也不想有什么城府，一辈子简简单单生活，没什么不好。也正因为这种敦厚、真诚，让我赢得了粉丝朋友们的信赖。因为说话不会拐弯抹角，而收获粉丝无数，也算是因祸得福吧。

厚道的人，行为正。有道是："心诚则行正，行正则事久。"

坚守初心和底线，是我做事的一贯风格。什么事能做，什么事不能做，心里一定要有一杆秤。在做直播，粉丝数量上来以后，每天都有商家寻求合作，以高佣相吸。但我的原则是，产品必须与健身强体相关，必须是我亲自穿着好、吃着放心的产品才可以挂车。且永远不为商家的产品直播带货，只挂车配合自己的课程，永远只为自己的课程代言。

因为互联网的发展一定是以内容为王的趋势，这是我刚进入互联网时就明白的道理。我虽然知道目前直播带货变现很快,且收入极高,但我不想违背自己的初心,不求一时之暴利。我坚信只要立得直,行得端,走得稳,自然会长长久久、风生水起。我看好自己,也看好互联网未来的发展。

厚道之人,心胸宽广,能容人所不能容,能忍人所不能忍。我常在直播间说,我就是一个没心没肺,精神大条的人。只睁开自己想看好事的眼,坏事即便看见了,也瞬间忘掉,毫不影响心情。很多人说,你只是嘴上这么说说而已,真遇到糟心的事,能不往心里去吗?

实话告诉你,还真没有啥事能让我过不去,耿耿于怀的。从小到大再到成年,我就是在各种讽刺挖苦的浸泡中长大的。什么难听话没听过,什么委屈没受过,什么无奈没经历过,硬生生把自己活成了打不死的"小强"。董玉辉有句话说得好:"人的成长,不是他经历过半夜的哭泣,而是经历过忍住不哭的夜晚。"

几十年的磨砺,让原本厚道的我,拥有了一颗强大的内心。什么"黑粉"的攻击,什么不被理解,什么各种夸赞,一切皆是过眼的云,过耳的声。既然有胆量站在公众面前,就有胆量承担一切,更有接受任何结果的勇气。正如古人所讲:"**唯宽可以容人,唯厚可以载物。**"

人活于世,要有责任与担当,无论男女。正如厚道的我,遇事不推诿,做事一定有担当。这一点可以说是融进我血液里,铭刻在傲骨上的精神支撑。它源自我的父亲,一个铁骨铮铮的硬汉,一个视原则如生命的品端行正之人。他教育我,好汉做事好汉当,推诿扯皮枉为人。

你的威信往往因为你的担当,你的成就往往因为你的靠谱,而你的靠谱往往让你值得拥有。粉丝们把自己未来的健康托付给我,她们是真心地怕我生病、怕我受伤、怕我有意外。她们说:教练,没有你带着我们,我们真的坚持不下去,我们真的不知道该怎么练,我们真的希望您天天开心、哪哪都好,带我们一起走到老。

> **觉察练习**
>
> 你是如何判断一个人是否厚道?厚道,看似朴拙,却是最高级的聪明。所以,不要轻易地看不起你身边任何一个看似傻傻憨憨的人,他们的命运不一定比你差。

第五节 懂点心理学,用上帝视角看关系

懂点心理学,对于提升人际关系非常重要。人际关系的建立和维护,是一个复杂的过程,涉及许多心理因素。认知、情绪、动机、态度等都会影响与他人的关系。

先说认知理论,它是一个重要的心理学理论。比如,思维方式影响人的情绪和行为。如果你是一个消极的人,你往往负面情绪很多。如果你是一个积极的人,你就会产生正面阳光的情绪。这对你的人际关系有着直接的影响。

往往正能量阳光的人朋友多。谁愿意跟一个消极的人待在一起呢?看看我们爱健身的粉丝朋友群,每天发的都是因健身收获的快乐,身材好了、腿不疼了、睡眠深了、便便通畅了等。看着就让人感觉到,越活越有希望,越活越有精气神。

再说社会交换理论,它也是一个重要的心理学理论。也就是你的交往行为是基于你对收益和成本的评估。如果你认为建立某一关系的收益大于成本,那么你肯定就会选择建立这种关系。因此,需要学会评估和优化你的人际交往圈。圈层的提升,很大程度上会让

你的认知和能力提升。

我的社交原则就是，及时剔除无效社交，腾出更多的精力，去交往对自己认知有提升的人，去做自己认为更有价值的事情，而不是把时间浪费在无意义的事情和无价值的人身上。因为，每个人的时间都是宝贵的，精力都是有限的。珍惜生命，就从断掉无效社交做起。

情绪智力也是一个心理学的重要理论，也就是俗称的情商。情绪智力高的人，往往在人际关系中更容易成功。因此，要学会理解自己的情绪，管理自己的情绪。同时，也要学会理解他人的情绪，让自己有更强的共情能力，这样可以帮助自己建立更好的人际关系。

我的学员经常夸赞我：不仅是一名健身教练，还是一名心理专家。其实，我只是学会了共情而已。我有一个学员，工作一直得不到上司的认可，每次来训练都不在状态，他一节课练不了两个动作，全在倾泻压抑的情绪。我知道他很郁闷，但又能帮他做什么呢？我能做的就是调整好自己的心态，准备做好他的情绪垃圾桶，然后认真地倾听和及时做出反应。每次他沮丧而来，开心而回。身体没练出什么结果，却成了我十几年的铁杆粉丝。

在这十几年的相处过程中，我目睹了他的成长，从一个底层小职员，一步一步做到了大厂高管。他说我是他的贵人，其实，我什么也没做。

懂点心理学的人，你的人际关系就像开启了上帝视角。你会对周围的人有更多的了解，也更容易掌握与他们相处的要领。运用心理学，轻松改善你的人际关系。

觉察练习

你是不是一听到心理学这个名词，就觉得有压力？心理学真没那么神秘，也没什么难懂的东西。它能让你更懂人性，让你学会感同身受，让你具备共情的能力。生活中，发生矛盾的时候，善于换位思考，一切就都迎刃而解了。

老燕子的身心健康良方

一个人最大的幸福是身心健康。

第一节　健康饮食：到底应该怎么吃

1. 懂点饮食原理，一生不为体重发愁

体重管理，首先要懂得一些最基础的知识，比如，体脂指数（BMI）和腰臀比。

BMI = 体重（公斤）÷ 身高（米）^{2}

偏瘦型：BMI 低于 18.5

危险型：BMI 低于 12

正常型：BMI 介于 18.5~23.9

超重型：BMI 介于 24~27.9

肥胖型：BMI 大于 28

重度肥胖：BMI 大于 34

这是一般情形下的数值。如果细化，还要区分性别和年龄。

比如，年轻女性的 BMI 维持在 22~23.9 是最佳状态，不超过 26 都是正常状态。

而 45 岁以上的女性，维持在 24~26 则是最佳状态，不超过 28 都属于正常状态。

男性BMI介于6~11.9是偏瘦型，12~17.9是最佳状态，18~23.9是超重，24~27.9属于肥胖，28以上就属重度肥胖。

特别说明，BMI不适用未成年人，或过高过矮的特殊人群。

还有一个重要指标就是标准体重的计算。

女性标准体重（公斤）= 身高（厘米）–105。

比如，165（身高）–105= 60（公斤）

男性标准体重（公斤）= 身高（厘米）–100。

比如，175（身高）–100 = 75（公斤）

高出标准体重10%者为超重；

高出标准体重20%者为肥胖；

低于标准体重10%者为偏瘦；

低于标准体重20%者为严重消瘦。

同样，它不适用未成年人，或过高过矮的特殊人群。

其次，就是腰臀比。要判断一个人的身体是否健康，是否健美，腰臀比不可不说。

腰臀比 = 腰围 / 臀围

腰围的测量方法是：身体直立，两臂自然下垂，自由呼吸不收腹，卷尺在肚脐上、肋骨下的部位绕一圈。

臀围的测量方法是：身体直立，卷尺向下移动到臀部最宽的地方。

腰臀比是判断一个人是否健康的重要指标。女生在0.67~0.8之间，男生在0.85~0.95之间。比值越小，说明越健康。

由此看出，脂肪堆积在腹部，对健康不利，也就是长胳膊细腿大肚子的人，尤其要注重体育锻炼。若臀围大，表明其下身肌肉发达，对人体健康有益。所以，不要再为大屁股粗腿烦恼了。

关于体重管理，有3个小提醒给到大家。

（1）学会体重管理，首先不能只关注秤上的数字，更要关注身体的围度。

秤上的数字只是我们综合判断的一个参考值,而身体围度,才能真正说明你身材比例是否协调。看一个人瘦没瘦,要看他的腰是不是细了,背是不是薄了,而不是看体重。

(2)不要迷信所谓的健康减脂食品。

因为凡是食品,都有热量。你把它们堆在家里,只会让自己更想吃掉它们。体重管理最重要的就是不吃零食!不吃零食!不吃零食!重要的事情说三遍。

(3)不要过度迷信减肥食谱。

因为,每个人的身体情况差别很大。遗传基因不同、年龄不同、性别不同、环境不同、工作性质不同,大家用同一个减肥食谱,怎么可能达到同样的效果。请相信,所有快速减重的方法,最终的结果只有两个:一是快速反弹,这是身体的本能;二是患厌食症,这是危及生命的病。

体重管理不是一个月、两个月,一年、两年的短期行为,而是终生的事业。所以,你要做的不是总想着吃什么才能瘦,而是要找到你胖起来的原因,这才是最重要的。

你是吃得太多了,还是动得太少了?你是天天吃夜宵,还是天天吃零食?你是爱吃高热量的垃圾食品,还是熬夜生活不规律?每个人都有不一样的原因,所以,找到你胖起来的原因,才是让你回到正常身材的不二法则。

如果你想一生不为体重发愁,懂得一点饮食的底层逻辑更重要。

第一,不吃零食和加餐。不吃的前提是不买。看不见,必定不会多吃。所有宣传吃了不会胖的零食,都只会勾起你更多的食欲。因为那些低脂的零食,从味道到口感都与正常的食品有太大的差距,要么就是难以下咽,要么就是你吃了不仅不会满足,反而会想吃更多的正常的食品来满足自己,这就是暴食的根源。不吃零食,正常饮食,让你的胰岛素维持在一个稳定的水平。

第二，调整饮食的顺序。把要吃的东西大体分类，蔬菜水果、蛋白质、脂肪、碳水化合物。为控制体重，饭前就先喝点水；然后吃蔬菜，最好是绿叶菜；接下来吃蛋白质，如鸡蛋、鱼类、牛肉等；最后吃碳水化合物，如谷类。

第三，选择优质食材。有人问什么是优质食材？答案是越靠近原生态的食物越优质。而精加工的食材，如精米和精面；过度腌制的食物，如咸的、甜的、辣的；过度烹饪的熟食，如烧烤油炸，都属于劣质食材。

第四，慢慢吃，专心致志地吃，充分享受美食。很多时候你会发现，准备的食物根本吃不完。

第五，不要抑制自己的食欲。想吃什么就去吃，按我说的方法放心吃，吃什么都不会胖。那么到底如何科学管理自己的食欲？也有如下几个小贴士。

（1）把想吃的东西，放在单独一天尽情地吃，满足自己。但是，这一天不吃其他的任何食品，能做到这一点就不会胖。

（2）脂肪类的食物和淀粉类的食物不要放在同一天吃。比如，你想吃五花肉了，那就吃，只要不同时来一碗大米饭就不会胖；再比如，很多人爱吃肉，炒肉片、涮肉都没有问题，让你胖起来的是肉外层的油和糖醋。

（3）避免高盐高糖。也就是说，食物应尽量保持原汁原味，避免加入过多的盐、糖和调味品。因为无论是盐、糖或调味品都含有钠离子成分，它们在进入机体后可诱使血容量升高，从而导致血压上升。长期高血压、钠离子代谢障碍，还会对肾脏造成伤害。所以，清淡饮食的第一步，就是控制盐和糖的摄入。

（4）均衡饮食，清淡并不是限制高糖、高油腻，而是要适当减少这类食物的摄入。在肉类的选择上，多吃空中飞的、水里游的、跑得快的。这些肉类既能够补充人体所需的优质蛋白，同时脂肪适中。另外，还需搭配蔬菜、粗粮等含膳食纤维以及维生素的食物。

（5）正确的烹饪方式。中国人的做菜习惯离不开四个字：煎、炒、烹、炸。在加工过程中会加入大量的油脂，高温油炸、爆炒不仅会破坏食物的营养成分，同时还会产生更多的反式脂肪酸，人体难以代谢。所以，在做菜时应尽量选择清蒸、水煮更为健康。

> **觉察练习**
>
> 用文内给出的公式，算一算自己的体脂指数，再看看离标准体重差多远，离标准腰臀比是不是还有距离？
>
> 无论你目前的这些基础数据是怎样的，按照文中的饮食方法坚持一个月，最多三个月，你的身体数据会有不一样的变化。

2. 清淡饮食是健康饮食第一步

世间最为普通的食物，平中显奇，淡中有味。

清淡饮食对人体健康有很多好处。

第一，减轻身体负担。

如果经常吃一些重口味的食物，不但新陈代谢速度减慢，身体负担增加，而且，还会造成口气难闻、汗液味浓、体味重，让人不愿靠近。所以，要保证清淡饮食。

第二，预防疾病。

患有高血糖、高血压及心脑血管等慢性疾病的中老年朋友都知道，医生的建议就是清淡饮食。所以，日常的饮食能够做到清淡，对于很多疾病的预防都会有帮助。

第三，延长寿命。

清淡饮食也可以延长人的寿命。因为饮食清淡了，身体的负担会减轻，各个器官就不需要超负荷地运作，这样也就没有那么快老化了。

第四，促进身体排毒，缓解便秘。

辛辣重口味食品，易让人上火，且让人很容易出现便秘现象，而便秘又容易导致身体积累毒素。而清淡饮食，不仅可以清除身体毒素，同时也可以缓解便秘现象。

第五，避免妇科炎症复发。

妇科疾病困扰着很多女性，而且大多数的妇科疾病，都很容易复发。如果能够注意清淡饮食，远离辛辣食物和油腻食物，特别是忌糖，妇科炎症的复发概率，也会大大地降低。

> **觉察练习**
>
> 清淡饮食在很多人的脑子里就是一个概念，你也是这样吗？通过本文你是不是有点想尝试一下清淡饮食了？

3. 素食者的理论，肉食者的说法

究竟是吃素好还是吃肉好？先说说素食的好处。

2021年5月，英国格拉斯哥大学心血管与医学科学研究所研究人员在2021年欧洲肥胖大会（ECO）上以电子海报的形式公布了一项对17.8万名参与者进行的观察性研究的结果。在评估血液和尿液中生物标志物水平之前，参与者需素食或肉食至少5年。结果显示，素食者比肉食者具有更健康的生物标志物，而生物标志物可以反映人体的健康状态，以及癌症、心血管疾病和其他慢性疾病的发生、发展情况。

研究人员发现，素食者的总胆固醇和低密度脂蛋白胆固醇（LDL-C，即"坏胆固醇"）比肉食者低21%和16.4%，而其他一

些与心血管疾病相关，提示炎症或肝细胞损伤等多种有害的生物标志物水平也较肉食者更低。

不过，并非所有的有益生物标志物都是在素食者中更高，包括高密度脂蛋白胆固醇（HDL-C，即"好胆固醇"），以及与骨骼和关节健康有关的维生素 D 和钙含量在素食者中更低，而甘油三酯和胱抑素 -C 两种被认为有害的生物标志物水平则在素食者中更高。

再说说素食的劣处。

在某些方面，素食者存在的安全隐患也更高，由于素食者体内的维生素 D 和钙含量更低，因此相较于肉食者，素食者骨骼的健康状况也更差。

2021 年 2 月，一项发表于《营养》（Nutrients）杂志上的研究也证实了这种情况。在这项研究中，来自德国联邦风险评估研究所（BfR）等机构的研究人员，对素食者和肉食者的脚跟骨进行了定量超声（QUS）测量，以确定他们的骨骼健康状况。同时测量了受试者血液或尿液中，与骨骼健康相关的生物标志物水平。

结果发现，平均而言，素食者的定量超声值显著低于肉食者，这意味着素食者的骨骼健康状况较差。此外，素食者体内多个反映骨骼健康状况的生物标志物，如维生素 A、维生素 D、维生素 B6、赖氨酸、亮氨酸、omega-3 脂肪酸、钙和镁等水平也明显偏低。

2019 年，一项发表在《英国医学杂志》（BMJ）上，涉及 4.8 万人的研究发现，素食者的中风风险比非素食者高 20%，主要是出血性中风（脑出血）发生率较高。

研究人员指出，素食者的血胆固醇和一些营养素水平低于非素食者，如维生素 B12。人体所需的维生素 B12，主要来源于动物性食物中，其作为人体多种酶的辅助因子，参与多种代谢过程，也是神经系统不可缺少的维生素，对于人体很多功能的正常运转至关重要。这可能是素食者中风风险升高的原因。

荤素搭配才最健康。

总而言之，素食对健康有利亦有弊。为了整体健康，应该荤素搭配，以实现营养摄入得均衡、全面。

动物性食物富含优质蛋白质、脂类、脂溶性维生素、B族维生素和矿物质等，所以它们也是健康饮食的重要组成部分，不过在数量上我们可以相对少吃。

此外，鱼类含有较多的不饱和脂肪酸，对预防血脂异常和心血管疾病有一定作用，所以可以优先考虑。红肉虽然脂肪含量高，但是我们可以吃脂肪含量较低的那部分，也就是瘦肉。而加工肉类容易受致癌物污染，吃太多会增加患癌风险，所以应该尽量少吃，或者不吃。

中国营养学会发布的《中国居民膳食指南2016》也建议，每天的膳食应包括谷薯类、蔬菜水果类、畜禽肉蛋奶类、大豆坚果类等食物。 并且这些食物应比较均衡地分散在每天的各餐中，不要偏食某一类。不要求每天样样齐全，但每天不少于3类。此外，优先选择鱼和禽。少吃烟熏和腌制食品。至于，每个人每天应吃多大的量，基于每个人对营养的吸收功能不尽相同，没有完全标准的答案，每人每餐吃到七八分饱即可。

觉察练习

你是不是被各种专家的学说搞得不知所云？永远记住，没有谁对谁错，各自所站的角度和立场不同；也没有谁好谁坏，只有适合自己的才是最好的。

4. 一日二餐和一日三餐的选择

一天吃三餐好还是两餐好？少吃一餐会影响健康吗？一日三餐

是人们普遍的共识,"早饭要吃好,午饭要吃饱,晚饭要吃少"更是很多人信奉的"黄金法则"。

随着社会生产力水平的发展,特别是近代工业革命的发展,经济的繁荣和物质的充裕,让农业社会的一日二餐,迅速发展到一日三餐。

可以说,一日三餐更是工业革命带来的产物。一日三餐考虑的是饮食时间要与工作或学习时间相结合,再考虑到食物在胃内的排空时间,一般为4~5小时,因此,一日三餐中两餐间隔时间以4~5小时为宜。这样不仅符合人体生理需求,不会影响食物的消化,还符合正常的工作、学习时间,可以说是较为合理的安排。

民以食为天,怎样吃好一日三餐,就成为广大群众最关心最重视的民生话题。

吃好三餐应该重视定时定量。定时就是三餐间隔时间,建议早餐在7点左右,午餐在12点左右,晚餐在17点左右为宜。定量就是根据年龄、性别、体重、劳动强度的不同,合理调整每餐的食量大小,不可一概而论。同时,三餐的热量占比应该是:早餐占全天热量的40%左右、午餐占40%左右、晚餐占20%左右。

经常听到有人说,一日三餐,到了饭点即使不饿,也要按点吃一点,以保证全天血糖的稳定,身体免疫力的平稳。

那我们再来听听一日二餐人的观点吧。

中国人讲究"过午不食"。这个"午"说的是下午,即过下午不食。

在我国商代,上午7~9时之间的饭被称为"大食",下午15~17时之间的饭被称为"小食"。上午的"大食"是最重要的主餐,分量和质量都要高于下午的"小食"。所以,"早饭要吃好"这个理念,不管是一日三餐还是一日二餐都是适用的。

一日二餐的人,追求的是昼夜节律,就是24小时生物钟。他们认为，昼夜节律若被破坏，就会扰乱人体新陈代谢和荷尔蒙，从而增加患代谢紊乱的风险。

他们认为，早上醒来时可以等半个小时或一个小时再吃饭，然后晚饭早点吃，这就能使能量摄入与昼夜节律保持一致，让夜间睡眠更充足、更安逸，更符合大自然规律。

一日三餐还是一日二餐，它的科学性、合理性，取决于个人的**生理需求、生活习惯和健康状况**。各有其道理，各有其优劣，适合自己才是最重要的。

觉察练习

你是一日二餐还是一日三餐呢？这种习惯坚持多久了？身体的感受又是怎样呢？建议你有机会尝试一下不同的一日餐数，你会对自己的饮食更有发言权。

第二节　好好睡觉：成年人的顶级自律

1. 睡不着别焦虑，紧闭双眼放飞自己

人生大事莫过于睡一个好觉。**因为你白天的状态，会暴露你夜晚的睡眠质量。**睡眠不好，人会情绪失控，急躁、易怒；睡眠不好，人内分泌会紊乱，健忘、掉头发、皮肤暗黄、产生黑眼圈；睡眠不好，人心情会变差，对什么事都感觉没意思、没兴趣，状态疲惫不堪。

睡眠需要一场革命。越是睡不着就越焦虑，想着睡不着明天的

工作怎么办？睡不着明天有黑眼圈怎么办？越焦虑就越睡不着，越睡不着就越焦虑，恶性循环……

与其焦虑，不如试试我提供的方法：

躺在床上，紧闭双眼，做深呼吸，感受自己肚皮的一鼓一落，抑或是胸腔的一鼓一落。就这样专注于自己的呼吸。

接下来，你会感觉到自己的头好像很沉，像灌了铅一样，把枕头都压陷下去了，身边所有的东西都在往上飘，只有自己的身体在往下沉……

昏昏然地，就这样睡着了。

每个人的生物钟不一样，有人是早睡早起的"百灵鸟"型，有人是晚睡晚起的"猫头鹰"型。"百灵鸟"们的生物钟比常人的运转得快一点；"猫头鹰"们的生物钟比常人的运转得慢一点。那么，常人的生物钟又是怎样的呢。

我们说："晚上 10 点睡，要脸，睡的是美容觉；晚上 11 点睡，要命，睡的是健康底线觉；晚上 12 点还没睡，熬命，拿健康不当事，最终的结果不言自明。"这就是常人的生物钟。你若是"百灵鸟"型，恭喜你，你是人们口中早睡早起身体好的楷模。你若是"猫头鹰"型怎么办？

不需要你像我们这种"百灵鸟"型一样睡那么早。以我为例，冬天的晚上八九点钟就上床睡下了，早上四五点就起床了，就是夏天也熬不过晚上 10 点。你大可以靠近常人的生物钟，试试晚上 11 点睡个要命的底线觉。睡不着怎么办？教你一招。

躺在床上，闭上眼睛，告诉自己："不能睡，还没到睡觉时间。躺一会儿就起来，眯上眼睛放松一下就睁开。一定不能睡，还有很多事要思考，都有什么事呢？再想想……"

用这种反其道而行之的**"反作用法"**，收效很不错。你越是告诫自己不许睡，你的内心越奢望睡眠，自然就昏昏然睡去。

就像小孩子，你越是不想让他做什么事，他越是要做。不要反复指责他，你的每一次批评反而会及时提醒他，让他要做的欲望更加强烈。任由他去做，全当没看见，不去关注，他反而觉得没意思，就不做了。睡不着的方法同理可用。

> **觉察练习**
>
> 你是否有失眠的经历？偶尔的失眠别放在心上，正常生活即可。如果你对此很焦虑，如临大敌，反而会让你的失眠加重。对待失眠，放宽心，可以出去运动运动，出出汗，保你回来睡个好觉，尤其是女性。

2. 睡眠环境，不仅需要安静

说到睡眠环境，安静是人们最基础的需求。其实光线、被子的轻重、睡前的饮食等好多因素，都能影响到你的睡眠质量。

首先是噪声。说到噪声，我想起青少年时代，我们家刚搬到铁路边居住的情景。火车铁轨距离我家不足百米。每当火车经过的时候，我都会从梦中惊醒，看着窗户玻璃被震动得哗啦啦响，整个楼房都在震动。可是，没过一个月，我就适应了这种噪声，任由火车鸣笛通过，都能安然无恙睡得香甜。

有时候有一点基础的噪声，不会对睡眠有太大的影响，如伴随雨声、风声、水声，反而会睡得更香更深沉。记得小时候的夏天，一到下雨天，要么蹚水逛街，无尘不晒，惬意至极；要么钻进被窝睡觉，听着雨声，裹紧被子，感觉安全又温暖。

我试过，让屋子里保持我能做到的极度安静。可是，到了夜深人静时，不是听到冰箱的启动声，就是下水道的哗哗声，有时候竟然还能听到走廊里变压器的嗡嗡声。而这些声音让我更紧张更警觉，反而一夜睡不好。因此有点安全的基础噪声，反而能遮盖这些令人紧张的噪声，让人睡得更踏实。

有一次去秦岭亲戚家，路上感慨这里好山好水好安静，真是舒服。可是还没到亲戚家就有点受不了这种安静了，我用力地听，可是一点声音都没有，心里立马恐慌起来，赶紧大声地"嗨！嗨！"两声，但又怀疑这声音的真实性，怀疑听到的是自己的心声。我多希望此时有风声、有虫鸣、有鸟叫，来证实自己的听力。那种感觉就像真的聋了一样，安静得可怕。所以，极度的安静，反而会让人更高度紧张。

其次就是光线。大家都知道，光线太强，人无法入眠。因为强光不利于人体褪黑素的分泌，容易造成神经系统的紊乱。但是，适合睡眠的光线也不是越黑越好。太黑的环境让人恐惧，当伸手不见五指时，心脏会收缩，心跳会加速，这反而会干扰大脑睡眠机制的运作，让人睡意全无地保持着警惕。

好的做法是，窗帘不要太厚密，不要让它完全遮挡光线，通过轻薄的窗帘透过来的微弱月光，反而让人更安心。

由于我住的楼层比较高，看不到街灯，我就索性拉开窗帘，看着窗外的星星睡觉，就像栖息在树枝上的小鸟，有月亮的陪伴。虽然我睡在钢筋水泥墙里，却能感受到自己与大自然的亲密接触。

当然，为了好睡眠，我们必须做的一件事，就是关掉室内所有的电器开关。有科学家说，电器上的蓝光能降低人的视力，特别是在黑暗中，蓝光对眼睛的伤害更大。

再次就是被子的轻重。现代人发明了很多轻薄保暖的被子，如羽绒被、蚕丝被、太空棉，保暖性强且轻柔，没有压迫感。但是，很多人和我一样偏偏喜欢农家的老棉花被褥，以及用棉花纺织的粗布做成的被里被面，因为，这种如茧的包裹感、厚重感，让我心里特踏实。

而那些蚕丝被总让我有种轻飘飘被风吹跑的感觉，一晚上都不得安生地不断掖着被角，生怕它滑落到地上，裸露出自己的身体。虽然知道是在自己家里没人看见，但那种担心却不能减轻。即便是夏天，我也会选择吸汗透气，柔软亲肤的粗布单子作为夏被，而不是轻薄丝滑的夏凉被。

对此，科学家们也给出了答案。**厚被子能降低大脑的兴奋度，降低血压与心率**。因为，体内皮质醇的水平跟压力大小有关。

厚被子有利于提高血清素和褪黑素的分泌。而血清素和褪黑素，都是调节睡眠不可缺少的神经递质。国外科学家们已经发明出了一种"重力毯"，用于治疗自闭症儿童和神经衰弱者，它受到了失眠人群的广泛欢迎。

最后就是睡前饮食对睡眠的影响。我们都有一个共同的体会，就是晚饭吃得太撑，夜里睡不安生。睡前喝杯咖啡或茶，大脑清醒一夜。带点饥饿感反而能轻松入睡。

晚饭如果吃了高脂食物或油炸食物，容易导致腹部不适，影响睡眠。还有辛辣食物容易导致体温上升，也容易造成胃部灼烧感，会加重胃部负担，影响睡眠。

再一个就是胀气食物。满肚子胀气，人肯定不舒服，也就难以入睡。豆类、地瓜、马铃薯等食物，在消化过程中容易产生气体，晚上最好少吃。

再说说含咖啡因的食物。咖啡因是中枢神经兴奋剂，睡前喝咖啡可能让你睡不着。因为咖啡因会刺激神经系统，使呼吸及心跳加快、血压上升、让人精神亢奋，它也会减少褪黑激素的分泌。

还有一个容易被我们忽视的饮酒问题。因为，人们常常有一个误区，以为喝酒有助于睡眠。但事实是，喝酒虽然可以令人很快进入睡眠状态，但是，无法使人熟睡，进入深度的睡眠期。所以，即使你睡了很长时间,仍然会感觉到困和疲劳。

我父亲年轻时候爱喝酒,母亲虽不常喝,但酒量也不小。父亲说我们姊妹在娘胎里就自带酒精味。所以,这方面我深有体会。有时候馋酒,就睡前小酌个二三两,喝完酒,昏昏沉沉很快入睡,但起来后,并没有感觉到传说中的神清气爽,更不要说喝什么应酬的酒、消愁的酒了。酒精只会起到麻痹作用,让你睡的时间更久,浪费更多的时间,等你醒来后依然头昏脑涨,精神恍惚。

几十年的生活体验,让我学会了好好睡觉。因为我们的内脏、肠胃也如人一样有一个休养生息的过程,让它们在无压力的状态下,随着人体一起休息。

觉察练习

你的睡眠还好吗?试试文中的方法,能很大程度上提高睡眠质量。

3. 早睡早起并不难,遵循早5晚10法则

熬夜,在年轻人中已经见怪不怪。既有加班、倒班、各地出差、商务应酬等这些不得不熬的夜;也有一些追剧、玩游戏等这些可不熬的夜。

不承想,现实生活中并不完全是这样。很多中老年人,也同样熬夜。有的是年轻时形成的熬夜习惯,生生把自己从"百灵鸟"熬成了"夜猫子"。

有的则是"补偿性熬夜",白天忙老人、孩子,忙做饭、买菜,忙得团团转,到了睡觉的时间,却感觉一天到晚没有自己的生活,亏欠了自己。于是,明明困得不行,躺下就能睡着,却死撑着不睡,抱着手机不停刷,报复性地补偿自己。结果,日复一日,情绪

越来越差，家里看谁都不顺眼。

无论是年轻时养成的熬夜习惯，还是"补偿性"的报复性熬夜，想改都不难，关键是看你想不想。只要你想好好睡觉，就没有做不到的。

首先，放下手机。这件事，说起来容易，做起来难。想想看，是手机里的内容真的很有意思，吸引你放不下手机？还是你在手机上寻寻觅觅地找自己感兴趣的东西？其实都不是，是手机蓝光在刺激你的大脑，抑制褪黑素的分泌，导致大脑兴奋，影响睡眠。

有科学家研究发现，夜间使用 2 小时手机，就会抑制超过 20% 的褪黑素分泌。了解了这些，你还抱着手机不放吗？手机蓝光虽然不会直接伤害你的身体，但它抢走了你的睡眠，反而是一种更大的伤害。所以，睡前放下手机，让手机远离睡床，还自己一个高质量的睡眠。

其次，定闹钟早起。当你晚上 11 点还没睡时，想想第二天早上的起床闹铃，是不是有一种紧迫感。我就是这么做的。因为每天早上 6 点要准时直播，为了确保直播时间，我必须定闹钟 5 点起床。当晚上时针指到 10 点的时候，我就会有一种紧迫感，心里计算着，10 点再不睡下，明早 5 点起床，也就只有不足 7 小时的睡眠时间。如果 11 点还不睡下，也就意味着睡眠时间不足 6 小时、5 小时。这么少的睡眠时间，第二天的工作怎么应付？情绪失控可怎么得了，越想越紧迫，于是放下手机，立马躺下。

如果我晚上 9 点多就放下手机，开始准备睡觉，心里会很从容和踏实，相信自己第二天会有一个好心情、好状态。这么多年，我不想破坏这种好心情，我想保持高效的工作状态。所以，我坚决执行晚上 9 点 30 睡觉这一生活原则。既然是原则，就不可轻易被打破。坚持的时间久了，也就成了习惯。

前面提到过，晚上 10 点睡觉是"要脸"的美容觉，晚上 11 点睡觉是"要命"的健康觉。这也很符合身体生物钟理论。

睡眠科学证实了生物钟是在中枢神经系统调控下形成的，而生物钟会根据环境的变化与适应程度来调节睡眠。它掌控我们的荷尔蒙、体温与新陈代谢速度。生物钟紊乱，会造成人体的各种不适。人体的大部分活动受生物钟影响，其中最突出的就是对睡眠的影响。

下面是牛津大学神经科学教授罗素·福斯特的《绝佳时间》中有关生物钟的时间规律表，我们从中可参考一二。

【00:00—01:00】代谢死亡细胞，建立新生细胞。这是人体最繁重的工作。

【01:00—02:00】有梦睡眠期。

【02:00—03:00】肝脏造血，同时清除有害物质。其他器官工作节律均放慢或停止工作，处于休整状态。

【03:00—04:00】全身休息，肌肉完全放松，此时血压低，脉搏和呼吸频率降低。

【04:00—05:00】血压低，脑部供血量最少，肌肉处于最微弱的循环状态，呼吸很弱，此时全身器官节律仍放慢，听力很敏锐易被微小的动静所惊醒。

【05:00—06:00】人体已经历了睡眠周期，此时觉醒起床，很快就能进入精神饱满状态。

【06:00—07:00】血压升高，心跳加快，体温上升，肾上腺皮质激素分泌开始增加，此时机体已经苏醒，想睡也睡不安稳了，为第一次最佳记忆时期。

【07:00—08:00】肾上腺皮质激素的分泌进入高潮，体温上升，血液加速流动，免疫功能加强。

【08:00—09:00】休息完毕，进入兴奋状态，肝脏已将身体内的毒素全部排尽，大脑记忆力强，为第二次最佳记忆时期。

【09:00—10:00】神经兴奋性提高，记忆仍保持最佳状态，疾病

感染率降低，对痛觉最不敏感，此时精力旺盛。

【10:00—11:00】人体处于第一次最佳状态，此时为内向性格者创造力最旺盛时刻。

【11:00—12:00】心理处于积极状态，人体不易感到疲劳，几乎感觉不到大的工作压力。

【12:00—13:00】全身总动员，需进餐。

【13:00—14:00】白天第一阶段的兴奋期已过，此时感到有些疲劳，宜适当休息，最好午睡30分钟到1个小时。

【14:00—15:00】精力消退，此时是24小时周期中的第二个低潮阶段，反应迟缓。

【15:00—16:00】感觉器官此时尤其敏感，人体重新走入正轨，工作能力逐渐恢复，是外向型性格者分析和创造最旺盛的时刻，可持续数小时。

【16:00—17:00】血液中糖分增加，但很快又会下降，医生把这一过程称为"饭后糖尿病"。

【17:00—18:00】工作效率高，嗅觉、味觉处于最敏感时期，听觉处于一天中的第二高潮。此时开始锻炼比早晨效果好。

【18:00—19:00】体力和耐力达一天中的最高峰，想多运动的愿望上升，痛感重新下降。

【19:00—20:00】血压上升，心理稳定性降到最低点，精神最不稳定，容易激动。

【20:00—21:00】反应异常迅速、敏捷，是一个适合工作或学习的时段。

【21:00—22:00】记忆力特别好，直到临睡前为一天中最佳的记忆时段。

【22:00—23:00】体温下降，睡意降临，免疫功能增强，血液内的白细胞增多，呼吸减缓，脉搏和心跳降低，激素分泌水平下

降，体内大部分功能趋于低潮。

【23:00—00:00】人体准备休息，细胞修复工作开始。

从以上生物钟的规律可以得出，晚上10点睡觉是较为科学的。因为这个时候，人体体温降低，激素水平降低。而早上5点又是起床的黄金时段。因为，我们华夏民族讲究顺应天意，接近自然。有"一天24小时中的5点，对应着一年二十四节气中的'惊蛰'"的说法。

"惊蛰"节气，万物复苏，冬眠的动物开始出洞觅食。对应它的早上5点也是我们睡眠后起床活动的最佳时间。所以，遵循早5晚10的作息规律，对人体健康十分有益。

觉察练习

不可否认，手机在带给人们信息便利的同时，也摧毁了一些人的睡眠健康。你有没有感觉到，"**放下手机，还我健康**"是一件好说却不好做的事情？你对此有什么好的方法和建议吗？写下来，分享出去。

4. 睡前一套操，远离安眠药

导致睡眠不好的原因，有心理上的也有生理上的，但是，不管是什么原因，合理、适量的运动都是提高睡眠质量的有力武器。因为，通过适量运动，不仅能释放心理压力，还能让身体分泌"内啡肽"，促进深度睡眠。

当然，过度的运动对睡眠也会适得其反。在睡前两个小时内，特别不提倡进行剧烈的体育运动，包括现在热衷的"夜跑"。

斯坦福大学一项关于失眠症的研究显示，利用日光或人造日光来调节生理时钟的疗法，对于睡眠的改善最有效；其次，才是运动。

在 2022 年美国心脏协会（AHA）的会议上，有研究人员提出，**相比有氧运动，力量训练改善睡眠质量的效果更好**。表现在睡眠时间更长，睡眠效率更高，睡眠潜伏期更短。我就是力量训练的受益者，常年的肌肉力量训练，让我每晚躺下便能"秒睡"进入梦乡。60 多岁的人，还有婴儿般的睡眠质量。

直播间里，我的"面部紧致操"和"腿脚温暖操"最受欢迎。因为，"面部紧致操"不仅紧致面部皮肤、淡化颈纹和法令纹、修复嘶哑声带、缓解掉发等，还有很好的助眠作用。

这是因为这套"面部紧致操"，通过面部肌肉主动运动，手指辅助运动，调动了颈部以上 90% 的肌肉参与到运动当中，让整个头部的血液循环加强，从而促进睡眠。有的粉丝甚至说："操没做完，眼皮子就打架了。"所以，睡前两个小时左右，做十几分钟的"面部紧致操"，让睡意如期而至。

"腿脚温暖操"则是另一套促进睡眠的运动。它是通过脚趾、脚踝肌肉的主动运动，让膝盖以下的所有小肌群都参与其中，对膝盖冰凉、腿脚冰凉，有立刻缓解的作用。而下肢血液循环的加强，能够带动全身血液循环，因而让睡眠质量提高。有粉丝说："十几分钟的腿脚温暖操，比热水泡脚的效果都好，脚暖了，浑身都舒展。"

睡眠是大脑开启的保护机制，当我们的神经感到"疲惫"时，身体就应当进入休息状态。所以，容易失眠的朋友，不妨尝试一下用运动来改善睡眠。**"运动是良医"**是真理，不是空话，只要付诸行动，或许你就是那个让人羡慕的，"一沾枕头就睡着"的人。

觉察练习

当你感觉到自己有睡眠障碍的时候，试试这两套催眠操，它们就在老燕子视频号的橱窗里。

第三节 科学运动：青春长寿的秘密

1. 要选择适合你的运动，而不是你喜欢的

身体衰老从 35 岁开始，衰老速度会在 45 岁以后加快，很多的疾病也会频繁出现。如果要保持健康，就要投入到运动中来，让合理的运动来促进健康。

那么，中老年人如何选择运动方式呢？

80% 以上的人会想当然地认为，选择自己喜欢的运动方式。不错，自己喜欢才有兴趣，有兴趣就容易坚持。但是，大家忽略了自己的年龄，忽略了自己的体质。**好的运动方式一定是适合自己的，适合自己的年龄，适合自己的体质。**

比如，运动基础为零，年龄 50 岁的人，无论男女，喜欢长跑但不适合长跑。因为，50 岁正是人体肌肉萎缩加快的年龄，如果选择长跑为健身项目，对肌肉的保留不友好。

长跑能很好地提高心肺功能，提高体质，抵御疾病，但长跑消耗肌肉。人在长跑 30 分钟左右时，消耗的是体内糖原；45 分钟左右时，消耗的是体内脂肪；60 分钟以后体内肌肉提供能量用于消耗。可见，长跑会让肌肉越跑越少。

50 岁年龄的人，本该想方设法地留存肌肉，让肌肉萎缩的速度降低，让肌肉最大可能地保护我们的骨关节，而不是加速它的萎缩。在同样能提高心肺功能、提高体质抵御疾病的同时，选择对肌肉组织有利的运动，岂不是一举两得。

所以，我们选择运动项目，一定是适合自己身体需要的，而不

是自己心里喜欢的。

人的寿命分自然寿命和健康寿命。自然寿命，就是人从出生到死亡的自然过程；而健康寿命，是人能够保持身体相对健康状态下的生存时间。显然，我们的生活中，健康寿命大大地短于自然寿命。**而我们选择健身的目的，就是延长健康寿命而非自然寿命。**

而健康寿命的延长，80%靠肌肉质量的提高。因为，人体衰老的罪魁祸首就是肌肉萎缩。肌肉萎缩就会带来行动的不便、身体功能的退化和病变。所以，提高肌肉量，提升肌肉质量，才是我们选择运动项目的关键。

肌肉的抗阻力运动，能够使中老年朋友从中获益，而且这些运动方式既高效又安全，值得常年坚持。高效在于，它直接针对提高肌肉质量和肌肉总含量，让高质量的肌肉起到很好地保护骨关节的作用。安全在于，它用不跑用不跳，动作不激烈。间歇性运动，做一组运动，休息30~60秒，且运动形式，可缓慢控制，既有力量训练，也有耐力、平衡、柔韧等方面的训练，特别适合中老年人群。

中老年人选择运动项目，千万不要盲目跟风，比如现在全网流行的壶铃摇摆，如果中老年人没有运动基础，特别容易引起运动损伤。你必须根据自己的年龄和生理特点来定制运动项目，不能选择强度过大的运动项目。

首先，遵循循序渐进原则。我直播间零基础入门学员，最容易发生的问题就是运动过量。总以为要健身就练得过瘾。殊不知，运动损伤就是在你一次次的运动过瘾中形成的，且这种损伤是不可逆的。我在直播间经常说："对人体伤害最大的不是不运动，而是运动过量。"

其次，遵循坚持性原则。虽然单次的运动锻炼也会给身体带来收益，如血糖、血压短暂性地下降，但要获得长期的健康，还需长期坚持。

最后，运动安全性原则。它是所有原则当中最重要的一条。我在直播时经常说，宁可练得没效果，也不能把自己的身体练伤了。因为，运动损伤不可逆。我们运动本身就是为了健康，如果锻炼不合理，导致了意外的身体损伤，那就得不偿失了，真可谓是捡了芝麻丢了西瓜。

而我们的肌肉抗阻力训练，一周当中，既有肌肉力量锻炼，也有肌肉耐力锻炼、肌肉柔韧性锻炼和肌肉疲劳的松解锻炼。这种多样化组合运动，可以让我们从中获得巨大的、额外的健康收益。

觉察练习

你身边是不是有很多这样的人，他们自以为运动是件简单的事情，他们认为只要运动起来就一定会带来健康。殊不知自己已经在运动的误区里待得太久了。好的运动方式一定要适合自己的年龄，适合自己的体质，而不是自己的喜好。

2. 每天锻炼一小时，健康生活一辈子

一天锻炼多少时间最合适，取决于个人的体能和健康状况。一般认为，**每天锻炼大于 30 分钟就有训练效果，不超过 60 分钟的训练比较科学**。如果体能比较好，锻炼时间可以适当延长一点，但前提是不造成运动疲劳。

日本东北大学的研究人员在《英国医学杂志》(BMJ) 子刊《英国运动医学杂志》上发表了一篇研究论文。研究人员分析了 4 个国家，年龄在 18~97 岁的近百万名参与者。参与者无论是进行走路、游泳、跑步这些常规的有氧运动，还是进行举重、俯卧撑、仰卧起坐和深蹲等这些强化肌肉的训练，都会及时更新他们的运动状

态和身体状况。

经过为期 25 年的研究发现，每周进行 30~60 分钟的肌肉力量训练，可以显著地降低由心脏病、糖尿病、癌症导致的死亡风险，而且也大大降低了患糖尿病的风险。

除此之外，将肌肉力量训练和有氧运动相结合时，如太极拳、八段锦、不超过 6000 步的快走、不超过 45 分钟的游泳，等等，能将死亡风险的比例降至更低。

我们的做法是，每天一小时的肌肉力量训练，包括，背部肌群训练、臀腿肌群训练、胸部肌群训练、腰腹肌群训练、手臂肌群训练、肌群松解训练、肌群拉伸训练。

其中臀腿肌群训练和肌群松解训练强度稍大，也就是给身体一周 1~2 次的出汗机会，让心肺功能得到很好的改善。而手臂肌群训练和腰腹肌群训练等，属于小肌群训练，运动强度稍小一些，给身体一个恢复体能的机会。运动强度的强弱配合、身体部位的轮换训练，肌群的向心、离心的结合训练，让身体得到全面锻炼，且劳逸结合，很好地规避了运动损伤的风险。

我的直播间每天都能收到来自粉丝们的热情分享：

"跟练 3 个月，身上有劲儿了，精神头好多了，睡眠变好了。"

"练了半年，腿不疼了，活动灵便了。"

"练了一年，腿直了，有人说长高了。"

"跟着老燕子，体检指标全部正常，血脂正常了，也不用吃降糖药了。"

"脂肪肝没有了。"

"体重涨了 5 公斤，太开心了。"

每天锻炼一小时，健康生活一辈子。

觉察练习

关于健身运动，你做好长期坚持的思想准备了吗？零基础运动的人，最容易出现的问题就是运动过量，给身体造成伤害。你是追求练一次就练到爽的人吗？要遵从"少火生气，壮火食气"的原则，既要坚持运动，又不超量运动。

3. 什么年龄开始都不晚，无论18岁还是80岁

健身训练，适合于成年人的每个年龄阶段。我经常在直播间说：**"只要生活能自理，就能加入健身的行列，除非瘫痪在床不能动弹。"**

所以，最适合健身的年龄就是当下。把握当下，就是把握住了黄金健身阶段。年龄只是一个数字，年龄大只是一种不健身的借口。只要有决心让身体变得更好，就没有人能够阻拦你健身的脚步。

很多人健身前，总是想得太多。我直播间问得最多的问题就是：我这个年纪了，健身还会有效果吗？还能练出肌肉吗？

我们必须承认，随着年龄的增长，体力、体能等身体机能和年轻人会逐渐拉开差距。但是，反过来想，不健身，这种差距就会越来越大。所以，为年龄而犹豫、怀疑的健身朋友们，请马上开始行动吧。

我们知道，人体肌肉增长，分为肌肉的自然增长和肌肉的训练刺激增长。

肌肉的自然增长很好理解，人类从出生开始，肌肉就在自然增长。但是，肌肉自然增长，却在20~22岁时达到峰值，之后肌肉进入保持状态。35岁后慢慢开始退化、萎缩。

肌肉的训练刺激增长，就是靠高质量的肌肉抗阻力训练，使体内生长激素、睾酮等持续处于高位，从而间接刺激肌肉继续增长。

我说两个极端例子。施瓦辛格大家都很熟悉，他第一次获得奥林匹亚冠军是在 1970 年，年仅 23 岁。他在肌肉自然增长期到保持期的最佳时期，加上刻苦训练，在肌肉最好的年龄，拿到了最好的成绩。

截至 2022 年，奥赛史上共出现过 4 位年纪超过 40 岁的奥赛冠军。其中年纪最大的是肖恩·雷登，时年 43 岁。可见，肌肉是人体中少数可以"逆生长"的器官。我国健美名将杨新民，75 岁了依然是一身腱子肉，是大多数年轻人奋力不敌的。在健美界，他几十年雄踞"健美常青藤"地位。

实践证明，年龄不是影响肌肉的主要原因，65~75 岁的老人，在 6 个月的力量训练中，增长的肌肉和 20 多岁的年轻人一样多。结果表明，年龄和性别，都不会影响肌肉的抗阻力训练。

青少年时期（12~18 岁）

这个年龄段，身体发育迅速，进行适量的健身活动，如打球、游泳、跑步等，可以促进骨骼的生长、肌群的发育。同时，青少年时期，也是培养健身习惯和兴趣的最佳时期，为未来的健身，打下良好的基础。

很幸运，我就是在这个时期爱上打篮球，并在专业老师的指导下，有章有法地晨练多年。无论刮风下雨，从无间断，直到备战高考。没想到，成年之后，兜兜转转，竟真的走上了健身教练之路。

青年时期（18~30 岁）

这个年龄段，身体处于巅峰状态。坚持健身可以保持身体健康，增强体质，提高免疫力，预防多种疾病的发生。同时，青年时期，也是工作和生活压力较大的时期，健身可以缓解压力，放松身心，提高工作效率和生活质量。

这个年龄段，虽然我没有进行系统的健身训练，但是，当一个单位的体育积极分子还是称职的。春夏秋冬各季比赛，篮球、排球各种赛事，"三八"节各种活动，我都热心组织，积极参加，让生活得到了极大丰富。

中年时期（30~50岁）

这个年龄段的人，身体状况开始逐渐下降。进行健身，可以延缓身体衰老的过程，保持身体的健康和活力。通过健身，维持肌肉质量、控制体重、保持心血管健康，从而预防与年龄相关的慢性疾病。同时，中年时期，也是家庭和事业压力最大的时期，进行健身可以缓解压力，增强自信心，提高心理健康水平。

我就是在这个年龄段，开启了健身教练之旅。白天是国企职工，晚上是健身教练，是当时的"斜杠青年"，有主业有副业。

老年时期（50岁以上）

这个年龄段的人，身体状况逐渐衰退，进行健身可以预防多种慢性疾病的发生，提高生活质量。老年人可以通过健身活动增强平衡力、灵活性，提升骨密度，延缓肌肉萎缩和骨质疏松的发生。

但是，要注意的是，随着年龄的增长，关节和韧带无法像年轻时那样承受那么大的压力。因此，不可盲目追求高强度训练，适当的强度，也能达到增肌效果。我建议中老年人宜采用低强度和中等强度进行训练。

此外，训练的关键是循序渐进。为了让肌肉和力量持续增长，以某种方式慢慢进步才是关键，哪怕这个过程非常慢。一般来说，相同的重量做更多次数，或者以非常小的重量逐渐递增是比较推荐的。因为，我们健身毕竟是以预防疾病、保持健康为目的的。

健身的好处不分年龄，无论是年轻人还是中年人、老年人，都可以通过适当的健身收获健康。

肌肉记不住你的年龄，但肌肉能记住你的努力。

觉察练习

你今年多大了？开始运动健身了吗？早下场早收获。因为肌肉记不住你的年龄，肌肉能记住你的努力。

4. 如何拥有抗衰老体型

衰老是自然规律，但是我们可以通过运动来延缓岁月带来的衰老。因为，衰老的过程，就是肌肉流失的过程。

随着年龄的增加，人体最重要的一个变化就是肌肉的减少，尤其到了 45 岁以后，肌肉丢失的速度加快。特别是女性进入更年期后，肌肉断崖式下降，而肌肉的减少，就标志着身体走向衰老。

肌肉中 70% 的含量是水分，也就是说身体中的大部分水分都储存在肌肉当中。身体肌肉减少，必然会造成身体的锁水能力下降，皮肤也会变得干燥褶皱。

肌肉是身体中宝贵的能量"消耗器"，身体每增加一公斤肌肉，就会帮助身体多消耗 30 卡路里的热量。而当我们身体中的肌肉减少时，身体的代谢能力也会变得越来越差。要么，因为肌肉代谢减慢，脂肪过多地堆积，造成身材走样；要么，肌肉总量减少、水分减少，皮肤松弛、褶皱增加，造成身体多病，形象不佳。

肌肉也是人体中负责运动的组织，肌肉的减少也会让我们的运动能力下降，生活中走路开始变得缓慢，拎东西会变得吃力，而且没有了肌肉的保护和协助，骨关节会磨损严重，发生病变疼痛，骨骼、身材也会变形。肌肉的丢失，也会让骨骼压力变小，骨密度降低，从而让人产生骨质疏松问题。

脖子以上的抗衰老，只需花钱医美、护肤即可实现。而脖子以下的抗衰老，则需要对抗人性的懒惰，用运动来实现，而且运动可以让我们从内而外变年轻。

而我们要想由内而外地透露出年轻态，肌肉力量训练就是一个有针对性、直接的训练方法，是我们对抗衰老的首选项目。因为肌肉力量训练，可以为肌肉的增长创造条件，当然，肌肉增长还离不开丰富的饮食和充足的睡眠。

那么，肌肉训练，选择什么样的训练内容效果更好呢？在这里，以我 30 多年的健身教学经验，向大家首推臀腿训练。

臀腿训练，所针对的目标肌群是臀部和腿部两个大肌群。并且臀腿训练的大部分动作都是以复合动作为主，也就是多肌群协同作战，这样就可以在刺激目标肌肉的基础上，让其他部位也能得到相对有效的锻炼。

从消耗的角度来看，臀腿肌肉总量占人体肌肉总量的 70% 以上，单位时间内的热量消耗与身体其他部位的消耗都是最多最快的，配合好饮食、睡眠，即使不做其他的有氧运动，也会达到很好的减脂、增肌效果，甚至可以将塑形后的效果长久保持下去。

所以，不用纠结如何训练，练什么项目，想拥有抗衰老身材，就从臀腿肌群训练开始。

随着年龄的增长，我们的肌肉抗阻力训练和有氧训练的比例要做出适当的调整。年龄越大，肌肉抗阻力训练的比例越大，有氧运动的比例应当慢慢减少。因为，锻炼肌肉让身体保持一定的肌肉量来保护身体，对中老年人群来说，显得越来越重要。我们说，种一棵树的最佳时间是十年前，其次就是现在。也就是说，当你认识到肌肉训练的重要性时，就立刻马上开始，多耽误一天都是对自己身体的亏欠。当然，我们依然提倡肌肉的力量训练越早开始越好。

无论肌肉的力量训练开始得早与晚，只要长期坚持，一年后、三年后、十年后，你都会看到一个越来越好的自己。

觉察练习

你想拥有抗衰老体型吗？那就练臀腿肌肉吧。虽然练臀腿肌肉非常累，但是，唯有练臀腿能直接帮助你抗衰老。克服畏难情绪，让训练强度小一点，动作幅度小一点，时间短一些，相信你会越练越好，最终会爱上臀腿训练这种方式。

第四节　情绪稳定：幸福人生由我做主

1. 快乐，来自这 4 种因子

我们的幸福感，是由身体里的 4 种"快乐因子"决定的。大脑里有 4 种神经递质：多巴胺、内啡肽、血清素、亲密素。

它们负责给我们带来愉悦的感受，也被称为人类行为的 4 种快乐因子。只要刺激这 4 种神经递质的分泌，就能提升幸福感。然而这些让我们快乐的神经递质，与自律是息息相关的。我们的一切行为，本质上都是在追求幸福和快乐。但是，幸福和快乐的底层逻辑离不开自律。

多巴胺

多巴胺是一种奖赏激素。当欲望得到满足时，你的大脑就会分泌大量的多巴胺，并在这个过程中获得快乐和满足。缺点是，多巴胺的刺激会让你的欲望值变高。也就是说，同样的行为，会让你越来越难以感到满足和快乐。于是，你就希望用更多的奖赏，来刺激大脑分泌出更多的多巴胺。到了最后，就会逐渐演变成"上瘾"，而不再是单纯的快乐。

所以，不要让自己停留在追求多巴胺层面的快乐，因为多巴胺是贪婪的，是无止境的黑洞。我们说，想废掉一个人，那就多给他"多巴胺"及时满足。

劣质多巴胺的来源：吸烟、喝酒、打游戏、刷短视频、娱乐八卦等短暂容易上瘾的快乐。

优质多巴胺的来源：运动、读书、写作等，这些行为的背后，需要先艰辛地付出，才能获得成功的喜悦，而这种先苦后甜也能给身体和精神带来双重的激励。

内啡肽

运动是产生内啡肽最常见的方式。内啡肽是一种天然止痛神经递质，是人类痛苦的补偿机制。当你在做一件很困难的事（如跑步、爬山、读一本有难度的书）并且感到痛苦的时候，你的大脑就会在此时产生内啡肽用来帮助你缓解痛苦，用"**痛并快乐着**"来形容内啡肽再合适不过。

坚持做定期的、有规律的运动，从事创作或某种表演艺术，都可以有效促进身体里内啡肽的分泌。

血清素

血清素是一种天然的情绪稳定剂，可以在大脑神经细胞之间传递信息，它会直接影响人的胃口、内驱力（食欲、性欲、睡眠），以及情绪。

它可以有效帮助人类减少抑郁和焦虑感，提升快乐或幸福感，对抑郁症有着很好的缓解作用。血清素产生的方式是健康饮食、早睡早起、晒太阳、冥想、运动、写日记等。

"自律让人快乐"这句话说的就是血清素。当你感觉到对自己有掌控力的时候，你所感受到的快乐，已经让你远离了焦虑和抑郁。

亲密素

亲密素，也叫催产素，是一种爱的神经递质。亲密素能够减少压力激素的分泌，有效抑制负面情绪，有助于建立信任和亲密关系。任何能够增强我们的爱、归属感和信任感的人际互动行为，都会促进亲密素的分泌。

比起多巴胺的短暂快乐，亲密素带给我们的是持久的平静和安全感。日久生情，其实就是亲密素在起作用。

亲密素产生方式包括与家人拥抱、好友相处、真诚地赞美他人，对宠物的爱抚及按摩等。而这些行为，都是远离焦虑和抑郁的有效方式。

最后总结：欲望满足多巴胺，先苦后甜内啡肽，主动掌控血清素，社交友爱亲密素。所以，对自律上瘾，其实就是对亲密素、血清素、内啡肽这3种快乐因子上瘾。

我们应该做的，就是不要让自己沦为本能的奴隶，放纵多巴胺的快乐，要学会去享受后3种层级的快乐，而这些都需要靠自律来匹配。享受努力后的满足，选择追求持续的快乐是远离焦虑和抑郁的有效途径。

觉察练习

你发现了吗？获得文中所说的这4种快乐因子并不难。从放纵自己追求"多巴胺"，到给自己一点点自律，哪怕从早起10分钟开始，从夸别人一句开始，你都会获得一点点"内啡肽"，你会慢慢从焦虑中走出来。

---

2. 管控不良情绪，做人生的大女主

释放负面情绪的方法有很多，主要可以分为两类。一种是速效类，如各类运动、大哭一场、在山顶或面朝大海呐喊、看个让人大笑的喜剧或综艺节目、K一次歌等；另一种是长期治愈类，如读经典书、听经典音乐、游经典景区、写日记、冥想等。其中运动、听音乐和旅游是网友投票选出的3种最好的方法。

下面就说说我自己，是怎么用运动来释放不良情绪的。

科学研究表明，大脑在运动后会产生一种名为内啡肽的"快乐因子"，内啡肽的多少影响人心情的好坏。运动使内啡肽的分泌增

多，在它的激发下，人的身心处于轻松愉悦的状态中。中等偏上强度的运动，如阻抗锻炼、爬山、打篮球等，只要运动30分钟以上，就能刺激内啡肽的分泌，从而产生兴奋感，让自己的不良情绪得以释放。

比如，踢打沙袋。沙袋就像我心中的发泄对象，对它一阵拳打脚踢后，气喘吁吁地看着它；再来一轮直拳、摆拳、勾拳；再来一轮鞭腿、后踹、膝顶。一阵输出后，拖着疲惫的身体回到家，可以享受一晚上的酣睡好梦。踢打沙袋，似乎把一切烦恼都甩了出去，把一切不顺都踩在了脚下，把一切不开心都发泄出来，酣畅淋漓，剩下的，就是安然地面对家人和工作。

要注意的是，情绪不稳定时，容易出现运动量过大、动作过猛、运动损伤和意外伤害。看着时间，半个小时左右就停下来。不要因为发泄情绪而伤到筋骨，得不偿失。

从心理学角度来说，生命在于运动，运动可让人减轻因精神压力过大带来的心理负担。往往一个人负面情绪严重的时候，心理压力大，容易冲动。而运动能改善和提高大脑与中枢神经系统的功能，改变大脑的供血、供氧状况，使人头脑清醒，思维敏捷，能有效地改善我们的情绪。我们平时的一些焦躁忧虑、郁闷气阻，运动后都会得到缓解。

更重要的是，运动时是一种积极阳光的状态。运动时间长了，不仅能消除负面情绪，还能锻炼身体。经常运动的人，必然会变得健康、阳光积极。而积极阳光的人，必然乐观，负面情绪必然会越来越少。

这么多年坚持健身，让我收获的不仅仅是健康的身体和健美的身材，还有稳定的情绪。从年轻时一言不合就争执，到现在我变得越来越平和。

那些叱咤风云的大女主，她们之所以优秀，就是因为她们懂得在负面情绪到来的时候，用适当的方法去宣泄，这是她们与众不同的高级一面，能成为情绪的主人，才能成为人生赢家。

觉察练习

说说你是通过什么方法释放不良情绪的？当不良情绪来临的时候，请你找到宣泄口及时地发泄出来，但要注意不能伤及无辜，特别是身边的亲人。

3. 更年期的情绪困扰，做好三件事轻松解决

45~55岁的更年期，是每个女性的必经之旅，是中年到老年的过渡，是衰老的开始。再精致的女人，再成功的女人，都绕不过更年期这道槛。

更年期，女性体内的雌激素水平，会发生断崖式变化，因此造成情绪波动严重，甚至还会出现不同程度的焦虑和抑郁，严重影响女性的生活质量。

如何平稳度过更年期，情绪又该如何调整控制呢？其实，只要做好三件事，不仅能缓解更年期不适的症状，还能缩短更年期的时间。

第一件事，大声地歌唱、大声地朗读。

别管跑不跑调，别管标不标准，到公园、到合唱团，大声地唱，声情并茂地朗读。这是一种压力的释放方式，让自信充满全身，能治愈你的一切不良情绪。

你自己大声唱过歌吗？你自己大声朗读过吗？更年期，快过半百的年龄，还害怕什么呢？拿起话筒，学习唱歌、学习朗诵，让所有的不快乐，在歌声中、在朗诵中消失得无影无踪。

如果你实在不爱唱歌、不爱朗读。最不济，听听音乐也是好的。音乐是很奇妙的音符跳动，它美妙的旋律是疗愈心灵的良药。心情不好的时候，选择一曲怡情的音乐，你的心便会荡漾在音乐的

海洋里，慢慢被抚慰，慢慢被注入快乐的力量。音乐，是治疗焦虑永不失效的"维生素"。

第二件事，装扮自己。

有人说，女人20岁的脸是天生的，不加粉饰亦鲜嫩饱满。女人更年期以后的脸是自己选择的，有生活的磨砺，有饱经沧桑后的从容，还有一种为自己装扮的淡定。

爱美之心人皆有之，与年龄无关。穿上得体的衣服，护理自己的头发，护养自己的皮肤，精心地打扮自己。这是热爱生活的具体表现，这是身心健康的重要体现，这是一种好心情在支持你，这是一种精神上的滋养。

只要皱纹没有长到心里，岁月就不会老。人到中年，哪怕是到了更年期，你依然妆容精致、不忘努力的样子，才是一个女人最美好的模样。

第三件事，适度运动。

女人到了更年期，很容易变得不爱动，不爱出门，不爱与人交往。其实，这是不自信的表现，也是对更年期衰老症状不愿接受的一种恐慌和焦虑。怎么办呢，只能靠自己，学会自我救赎。

健步走是一个不错的选择。戴上耳机，听着有节奏的音乐，快步、碎步，脚跟脚掌滚动落地，手臂90°小摆动，前不露肘、后不露手，挺胸、收腹，目视前方。一次快走不超过五六千步。身上发热或微微出汗，则运动量刚刚好，回去睡个好觉不成问题。睡醒之后，你会发现，心情大好，就是这么神奇，亲试有效。

不跑不跳的韵律操，也很适合更年期女性。伴着优美的旋律，摆动手臂，前后左右地变换脚步，简单又有趣，大家一起舞动，即使动作不协调，也不至于感到尴尬。音乐结束，大家一起相伴聊天，其乐融融。

很多人说，我更年期潮热，心跳加快，浑身不舒服。其实，你越是关注这种身体上的感受，你的身体反应就会越明显。我们每一个人都会经历更年期，身体有反应很正常，就像我们都要经历生理期一样，哪个女人没经历过生理期的不适。该干什么干什么，接受它，就像我们接受生理期一样，与它和平共处。身体难受的时候，就休息放松一下，有必要的时候，吃点缓解的药物。不太难受了就忽略它，做点自己喜欢的事情。

你也可以学画画、学写字、学摄影、学写作，让兴趣爱好，让艺术文学充实自己的心灵。当你有做不完的事儿时，你更年期的症状，就会在不知不觉中，缓解减轻了。

更重要的是，要解决更年期的睡眠障碍问题。专家说，所有的睡眠问题都是情绪问题，所有的情绪问题都可以通过睡眠来解决。

那么，睡眠问题又怎么解决呢？

前面我提到的面部紧致操，有口令版，有音乐版。坚持每天睡前做一遍，能帮助你深度睡眠，一觉睡到天亮。因为，操里包含有瑜伽面部紧致动作、国学大师教授的传统养生动作、老中医的穴位美颜按摩动作，它集天下大成为我所用。女人都知道，治愈心情最好的方式，就是深度睡眠，睡饱睡好心情大好。自我救赎，缓解情绪的焦虑感，走出更年期的困扰。

觉察练习

随着社会压力变大，更年期呈现提前趋势，甚至提前到40岁，你的更年期到了吗？你恐惧更年期吗？看了本节内容，你计划如何更好地度过更年期？